普通高等教育"十三五"规划教材

数据库应用系统的设计、开发与实现——基于 Visual FoxPro

马雪英　廖一星　杨　洁　主　编

电子工业出版社

Publishing House of Electronics Industry

北京·BEIJING

内 容 简 介

本书基于需求导向，从实践性出发，以数据库应用系统案例的设计与开发为主线，介绍数据库的基本原理、基础知识、核心概念和数据库设计的基本方法、数据库应用系统开发的步骤，基于 VFP 系统，按照应用系统开发的过程，循序渐进地介绍开发数据库应用系统所涉及的知识和技术。全书共 11 章，主要内容包括数据库基础知识、VFP 及项目创建、数据表的建立与操作、数据库的建立与操作、结构化查询语言及应用、结构化程序设计、表单设计、图书馆管理系统表单设计、报表设计、菜单设计、项目管理与连编。

本书组织合理，叙述简明扼要，围绕需求展开知识点和技术点的介绍，并通过大量的案例让读者快速学以致用；所有章节，按照开发图书馆管理系统的需求进行安排，带领读者一步一步开发数据库应用系统，同时提供系统源代码，便于读者进行验证学习。

本书既可作为高等学校非计算机专业计算机与信息技术课程教材，也可供相关领域的工程技术人员学习、参考。

图书在版编目（CIP）数据

数据库应用系统的设计、开发与实现：基于 Visual FoxPro / 马雪英，廖一星，杨洁主编 . —北京：电子工业出版社，2019.6

ISBN 978-7-121-36291-0

Ⅰ. ①数… Ⅱ. ①马… ②廖… ③杨… Ⅲ. ①关系数据库系统—程序设计—高等学校—教材 Ⅳ. ①TP311.138

中国版本图书馆 CIP 数据核字（2019）第 066840 号

策划编辑：王羽佳
责任编辑：裴 杰
印　　刷：北京虎彩文化传播有限公司
装　　订：北京虎彩文化传播有限公司
出版发行：电子工业出版社
　　　　　北京市海淀区万寿路 173 信箱　邮编　100036
开　　本：787×1092　1/16　印张：18.25　字数：467.2 千字
版　　次：2019 年 6 月第 1 版
印　　次：2021 年 8 月第 2 次印刷
定　　价：49.90 元

凡所购买电子工业出版社的图书，如有缺损问题，请向购买书店调换。若书店售缺，请与本社发行部联系，联系及邮购电话：（010）88254888，88258888。

质量投诉请发邮件至 zlts@phei.com.cn，盗版侵权举报请发邮件至 dbqq@phei.com.cn。

本书咨询联系方式：（010）88254535，wyj@phei.com.cn。

前　言

大数据、人工智能时代的到来，数据库系统已成为社会经济生活中不可或缺的一部分。
数据库技术产生于 20 世纪 60 年代，是最新的管理技术。数据库技术经历了层次数据库、网状
数据和关系数据库的演变，造就了四代图灵奖：数据库技术先驱——Charles W.Bachman、关
系数据库之父——E.F.Codd、事务处理专家 Jim Gray 和对现代数据库系统的底层概念和实践做
出基础性贡献的 Michael Stonebraker 教授，是软件领域最重要的成果之一。数据库技术是信息
系统的核心和基础，随着互联网、移动通信、电子商务技术的发展，信息技术的应用深入到社
会经济生活的各个角落，包括金融银行、证券投资、商务销售、医疗卫生、政府部门、国防军
工和科技发展等领域，数据库技术以数据模型和数据库管理系统为核心，形成了巨大的软件产
业，数据库的建设规模和信息量的大小，已经成为一个国家信息化建设程度的重要标志。

互联网+时代需要培养具有一定信息技术、数据处理能力及数据思维的新经济管理人才。
随着互联网技术的迅猛发展和普及应用，相关数据正在以前所未有的速度增长和积累，大数据
库时代已经来临。麦肯锡全球研究所的报告指出，数据对于企业的重要性正变得与劳动力、资
本等要素同等重要，有效地捕捉、分析、可视化、应用大数据来洞察、实现业务目标，将能够
帮助企业从激烈的竞争中脱颖而出。因此，作为高校必须重视培养学生信息数据管理处理技术、
互联网+和数据思维能力，使学生能够利用信息技术手段和计算思维，更好地解决经济管理中
的问题，并更好地面对大数据的挑战。

Visual FoxPro 是集数据库定义、创建、管理及数据库应用系统开发于一体的数据库管理
软件，非常适合作为经管类学生一体化培养数据库基础知识、程序设计基础能力、数据库基
本操作能力、应用系统开发实践能力的平台。Visual FoxPro 是 Microsoft 公司从 Fox 公司的
FoxBase 数据库软件经过数次改良，并且移植到 Windows 之后研制完成的数据库管理软件系
统，提供了功能完备的工具、极其友好的用户界面、简单的数据存取方式、独一无二的跨平
台技术，具有良好的兼容性、真正的可编译性和较强的安全性，是目前最快捷、最实用的数
据库管理系统软件之一，非常适合初学者学习数据库的基本概念、原理和技术，支持数据库系
统设计、开发和实践，通过简单数据库应用系统的开发，培养数据管理、数据处理和数据思维
能力。

本教材支持读者学习数据库的基本原理和概念，基于 Visual FoxPro 平台，既掌握数据库
的创建和管理技术、基本的数据处理和分析技术及关系数据库的国际标准操作语言 SQL，又
初步掌握程序设计、数据库设计与开发技术，根据贯穿全书的案例，边学边做完成一个简单数
据库应用系统的设计与开发，知识学习和应用相结合，理论掌握和实践开发相结合，提升学习
者的信息素养和数据处理能力，培养互联网时代迫切需要的数据思维。

本教材的特色包括：

● 面向经济管理人才，一体化设计培养数据库学科基础知识、程序设计基础、信息数据管理和处理技术、数据思维能力的内容体系。本教材基于 Visual FoxPro 平台，内容涵盖结构化程序设计、数据库基础知识、小型的数据库项目设计开发三大体系，解决数据库基础知识、数据库操作能力、数据库应用系统开发实践旨在培养经管文科类学生的基础程序设计能力和计算思维的培养。在掌握基本的数据库知识的基础上，了解小型数据库应用项目的设计与开发过程，培养基本的数据处理能力。

● 基于需求导向和任务驱动，以数据库应用项目的设计与开发为主线，设计课程教学案例。一个数据库应用项目的设计，首先需要数据库的基本概念、原理、数据模型及数据库的设计方法；其次需要定义、创建和使用数据库的操作语言；再次需要开发应用系统的程序设计，包括各种形式表单的设计、报表的设计及使用菜单项目集成系统。因此本教材按照项目开发过程，"设计过程性任务——以任务为驱动逐步展开知识链接——运用知识解决实践任务"的应用逻辑思维，设计章节内容。

● 知识学习与应用能力相结合，理论掌握与实践开发相结合，边学边做提高实践应用能力。本教材的每个章节的编写，都是按照从"提出问题——链接所需知识——应用知识解决问题——拓展应用"的形式进行设计，然后应用于项目开发实践，同时设计课后实践项目和要求，巩固知识提高能力。读者可以根据教材边学边做边实践，不仅构建知识体系，还逐步培养解决问题的能力和思维。

本书是普通高等教育"十三五"规划教材，全书 11 章。教材从先进性和实用性出发，较全面地介绍了数据库的基本理论和知识，以及基于 VFP 平台的数据库应用系统开发过程和技能，主要内容包括第 1 章 讲述数据库基础知识，包括数据库系统、数据模型、数据库系统结构、关系数据库及数据设计的步骤和方法；第 2 章介绍 Visual FoxPro 系统及本书的教学案例——东方学院图书管理系统；第 3 章介绍数据表的建立和操作；第 4 章介绍数据库的建立及数据库的基本操作、数据库表和自由表的相互转换、数据库完整性的实现等；第 5 章介绍关系数据库结构化查询语言 SQL；第 6 章介绍结构化程序设计；第 7 章介绍表单设计中各种控件的设计的方法和技巧；第 8 章完成本书案例东方图书馆管理系统的主要表单设计；第 9 章介绍报表设计；第 10 章介绍菜单设计及图书管理系统菜单的设计与实现；第 11 章以图书馆管理系统为例，介绍项目管理与项目连编。

本书语言简明扼要、通俗易懂，具有很强的专业性、技术性和实用性。本书是作者在经管类学生数据库系统及应用课程教学的基础上积累编写而成的。每一章都附有丰富的习题，供学生课后练习以巩固所学知识。

本书既可作为高等学校非计算机专业数据库系统应用的基础教材，也可供相关工程技术人员学习、参考。

教学中，可以根据教学对象和学时等具体情况对书中的内容进行删减和组合，也可以进行适当扩展，参考学时为 48～64 学时。为适应教学模式、教学方法和手段的改革，本教材配有多媒体电子教案及相应的在线教学资源，请登录华信教育资源网（http://www.huaxin.edu.cn 或 http://hxedu.com.cn）下载。本书还有配套习题集与实验指导书。

本书第 1 章由马雪英编写，第 2、7、8 章由杨洁编写，第 3 章由余婷编写，第 4、9 章由李在伟编写，第 5、10 章由廖一星编写，第 6 章由周家地编写。全书由马雪英和廖一星进行统稿。浙江财经大学的王衍教授在百忙之中对全书进行了审阅。在本书的编写过程中，金勤老师提出了许多宝贵意见，在此一并表示感谢！

　　本书的编写参考了大量近年来出版的相关技术资料，吸取了许多专家和同仁的宝贵经验，在此向他们深表谢意

　　由于数据库技术发展迅速，作者学识有限，书中误漏之处难免，望广大读者批评指正。

编　者

目　　录

第1章

数据库基础知识

 本章主要内容

本章主要介绍数据库的基本原理、概念、模型、结构和方法，如什么是数据库和数据库管理系统；数据库的 3 种数据模型，数据库系统的三级模式结构和数据独立性；数据库系统的体系结构；关系数据库和关系数据库的设计等。

 本章难点提示

本章的难点如下：在掌握数据库的基本概念和原理的基础上，正确理解数据库系统的三级模式结构和数据库独立性的含义；在正确掌握关系数据库的基本概念、原理和模型后，能够根据实际需求，设计一个满足一定规范级别的关系数据库，设计关系的逻辑结构，满足各种业务和功能管理的信息需求，设计完整性约束以保证数据库数据的一致性和完整性。

数据库技术产生于 20 世纪 60 年代，是数据管理的最新技术，也是软件领域最重要的发展成果之一。数据库技术是信息系统的核心和基础，随着互联网、通信、移动技术的发展，数据库技术的应用深入社会生活的各个领域，包括金融银行、证券投资、商务销售、医疗卫生、政府部门、国防军工、科技发展等。

数据库技术经历了层次数据库、网状数据库和关系数据库等 3 代数据库的演变，造就了 4 个图灵奖，发展成为计算机的基础学科之一。图灵奖是计算机界的诺贝尔奖，第一位图灵奖得主是数据库技术的先驱者查尔斯·巴赫曼，他主持设计与开发了最早的网状数据库管理系统（Integrated Data Store，IDS）；第二位图灵奖得主是关系数据库之父埃德加·科德，他在集合论的严格数学基础上，建立了关系数据库模型；第三位图灵奖得主是数据库技术及数据库事务处理专家詹姆斯·格雷（James Gray），他提出了数据库事务处理中的数据共享与封锁机理，突破了数据共享封锁线；第四位图灵奖得主是 MIT 的教授迈克尔·斯通布雷克，他是冲浪在数据潮头的实干家，创造了现代数据库系统的一系列奠基性概念和实现技术，创立了多家公司，成功地将数据库商业化。

数据库技术的发展，以数据模型和数据库管理系统为核心，形成了巨大的软件产业。数据库的建设规模、信息量大小，是衡量一个国家信息化程度的重要标志。

本章主要介绍数据库技术的基本概念、基本原理，数据库系统的构成，数据库管理系统的主要功能，数据库系统的三级模式结构和数据独立性，以及数据库的体系结构。

本章通过案例，以需求为驱动，介绍数据库设计的方法和过程，以及数据库应用系统开发的周期。如果读者对数据库原理比较熟悉，则本章内容可以略过。如果读者没有系统地接触过数据库原理，则学习本章对后续章节的学习非常必要。

1.1　数据库系统

数据库系统（Database System，DBS）指的是引入数据库后的计算机系统，包括数据库、数据库管理系统、数据库应用系统、数据库用户以及支撑软件系统运行的软\硬件。在此仅对与数据库系统相关的部分概念进行简单介绍，更深入的知识请读者参考相关教材或书籍。

1.1.1　信息、数据与数据库

1. 信息

信息（Information）、物质和能量是客观世界的三大要素。信息就是对客观事物的反映，从本质上看，信息是对社会、自然界的事物特征、现象、本质及规律的描述，是由文字、符号、数字或声音、图形、图像，表现出来的消息、情报、指令、数据、信号等。例如，记录学生信息可以用文字和标点符号表示为"**学号：20160431101；姓名：李勇；性别：男；出生年月：1988.2；所在系别：计算机**"。

信息源于物质和能量，可以感知，可存储、加工、传递、再生和共享，它具备 4 个基本特征：①可传载性，即信息可以依附于某种载体进行传递；②共享性，有别于物质和能量，信息的共享不仅不会产生损耗，还可以广泛地传播和扩散，使更多人共享；③可处理性，特别是经过人的分析、综合和提炼，可以增加它的使用价值；④时效性，只有既准确又及时的信息才有价值，一旦过时，就会变成无效信息。

2．数据（Data）

数据（Data）是表示信息的物理符号，是信息的具体表现。数据可以是数值数据，如某个具体数字，也可以是非数值数据，如文字、图形、图像和声音等。虽然数据有多种表现形式，但经过数字化处理后，都可以输入并存储到计算机中，并能成为其处理的符号序列。

3．信息与数据的关系

数据是信息的符号表示或载体。信息是数据的内涵，是对数据的语义解释。

在计算机中，为了存储和处理某些事物，需要抽象出对这些事物感兴趣的特征组成一条记录来描述。例如，在学生档案中，如果人们感兴趣的是学生的姓名、性别、出生年月、籍贯、所在系别、入学日期等信息，就可以这样描述：（20160431101，李勇，男，1988.2，计算机），因此这里的学生记录就是数据。它的含义即所含信息如下：李勇是一个大学生，学号为 1001，1988 年 2 月出生，性别为男，计算机专业。

数据的形式不能完全表达其内容，需要经过解释。数据的解释是指对数据含义的说明，数据的含义又称为数据的语义，也就是数据包含的信息。例如，记录数据（20160431101，李勇，男，1988.2，计算机），如果没有语义解释，也可以理解为某一企业员工的记录，员工号为 20160431101，1988 年 2 月出生，计算机专业，等等。因此，信息是数据的内涵，数据是信息的符号表示，是载体；数据是符号化的信息，信息是语义化的数据。

4．数据库

数据库（Database，DB）是长期存储在计算机内的、有组织的、可共享的数据集合。数据库中的数据按一定的数据模型组织、描述和存储，用于满足各种不同的信息需求，并且集中的数据彼此之间有相互的联系，具有较小的冗余度、较高的数据独立性和易扩展性。

数据库中的数据是以一定的数据模型进行组织存储的，数据库中的数据有一定的结构、组织存储方式和操作规则。例如，学生人事记录在数据库中的组织形式和结构如图 1-1 所示。

图 1-1　学生人事记录在数据库中的组织形式和结构

记录某个学生的人事信息如图 1-2 所示。

这样的数据组织方式节省存储空间，灵活性也相对得到了提高。但这种灵活性只是对一个应用而言的，因为一个学校和组织涉及许多应用，在数据库系统中不仅要考虑某个应用的数据结构，还要考虑整个组织的数据结构。例如，一个学校的管理信息系统包括学生的人事管理、学籍管理、选课管理等，可按图 1-3 所示的结构建立学校管理信息系统的学生数据模式。

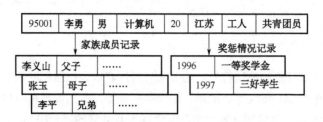

图 1-2   某个学生的人事信息

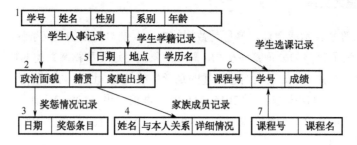

图 1-3   学校管理信息系统的学生数据模式

如图 1-3 所示结构中的学生数据为各个部门提供数据，并使数据结构化：人事管理用到图 1-3 中 1、2、3、4 记录的数据，学籍管理用到 1、5 记录的数据，选课管理用到 1、6、7 记录的数据，并且不仅描述了数据本身，还描述了数据之间的关联。

数据库中的数据是可共享的。这里的共享指的是不同地域、不同用户可以同时使用同一数据库中的同一数据。数据的共享性，能够最大限度地降低某一企事业单位信息数据的冗余度，并消除数据的不一致性。所谓数据的不一致性是指同一数据不同副本的值不一样。

数据库不仅存储数据以及数据之间的联系，还存储数据字典（对数据的描述，即数据的结构）。数据库技术对数据结构和数据同时进行管理，并将数据结构特征与应用程序尽可能隔离开来，即应用程序在一定程度上不受数据结构改变的影响，提高了数据的独立性。

数据库中的数据是海量的。一个单位、一个公司，原则上能构建一个数据库，各部门所需要的所有数据存储在同一个数据库中，并可在授权允许的情况下访问和使用其他部门提供的数据。

数据库中的数据是永久的。数据一旦成功地存储到数据库中，就会永久保存，除非用户删除数据。当然，要保证数据的永久性，还要有数据库恢复技术的支持。

1.1.2　数据库管理系统

数据库管理系统（Database Management System，DBMS）是位于用户和操作系统之间的一层数据管理软件，数据库在建立、运行和维护时由数据库管理系统统一管理、统一控制。DBMS 的主要任务是抽取一个应用所需要的大量数据，科学地组织这些数据并将其存储在数据库中，并能高效地获取、处理和维护数据。

DBMS 使用户能方便地定义数据和操纵数据，并能够保证数据的安全性、完整性、多用户对数据的并发使用及发生故障后的系统恢复。其主要功能如下。

1．数据定义功能

DBMS 提供了数据定义语言（Data Definition Language，DDL），用户通过它可以方便地定义数据对象。DDL 用于定义数据库的逻辑结构。

2．数据操纵功能

DBMS 提供了数据操纵语言（Data Manipulation Language，DML），用户可以使用 DML 实现对数据库的各种操作，如查询、插入、删除和修改等。

3．数据组织、存储和管理功能

DBMS 要分类组织、存储和管理数据库中的各种数据，包括数据字典、用户数据、数据的存取路径等，从而提高存储空间的利用率和存取效率。

4．数据库的运行管理功能

数据库的建立、运行和维护由 DBMS 统一管理和控制，以保证数据的安全性、完整性、多用户对数据的并发使用，以及发生故障后的系统恢复。

5．数据库的建立和维护功能

数据库的建立和维护功能包括数据库初始数据的输入、转换功能，数据库转储、恢复功能，数据库的重组织功能和性能监视、分析功能等。这些功能通常由一些实用程序完成。

6．其他功能

DBMS 包括一些实用工具。例如，DBMS 与网络中其他软件系统的通信工具；不同 DBMS 中的数据和文件系统数据的互相转换；异构数据的互访和互操作等。

1.1.3 数据库系统

数据库系统是为适应数据处理的需要而发展起来的数据处理系统，一般由软件、硬件、数据库、数据库管理员和用户构成，如图 1-4 所示。硬件是指构成计算机系统的各种物理设备。软件主要包括操作系统、应用系统、应用开发工具和 DBMS。数据库由 DBMS 统一管理、统一控制，数据的插入、修改和检索均要通过数据库管理系统。数据库管理员负责创

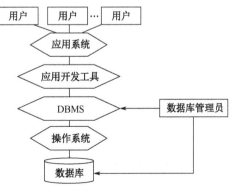

图 1-4 数据库系统的构成

建、监控和维护整个数据库，使数据能够被任何有权使用的人有效使用。

1.2 数据模型

1.2.1 数据模型的概念

数据模型是对现实世界中数据特征的抽象，用来描述数据、组织数据和对数据进行操作。通俗地讲，数据模型是对现实世界的模拟，描述了数据的结构、数据之间的联系、对数据的各种操作以及数据要满足的各种约束条件。

在开发实施数据库应用系统时，需要用到不同层次的数据模型（图 1-5）：概念模型（Conceptual Model），逻辑模型（Logical Model）和物理模型（Physical Model）。

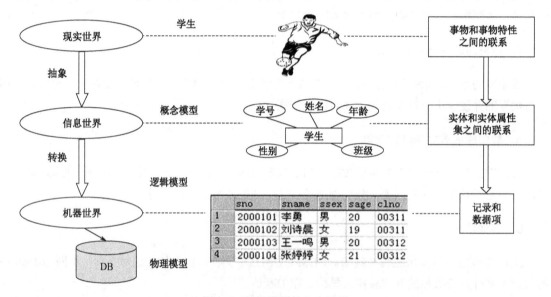

图 1-5 数据模型的 3 个层次

概念模型，也称信息模型，会按用户的观点对信息进行建模。

逻辑模型，是从计算机的观点对数据进行建模。最常用的逻辑数据模型有层次模型、网状模型和关系模型。层次模型中，数据以树状结构进行组织；网状模型中，数据的逻辑结构是图；关系模型是最重要也是最流行的数据模型，它以二维表的形式，存储数据和数据之间的联系。

物理模型，是对数据存储结构和特征的描述，即描述数据在数据库中的存储方式、存取方法。

1.2.2 数据模型的要素

数据模型是数据库系统的核心和基础。数据模型包括 3 个要素：结构要素、操作要素和完整性约束条件。

结构要素描述了数据库中数据的结构、数据之间的联系，是数据库的静态特性。

操作要素描述了数据库中数据对象所允许的操作的集合，是数据库的动态特性。对数据库的操作包括查询、增加、修改和删除 4 种。

完整性约束条件是一组约束规则，用于限定符合数据模型的数据库状态以及状态的变化，以保证数据的正确、有效和相容。通俗地讲，完整性约束条件就是规定什么样的数据可以存储到数据库中，以及数据库中的数据可以做怎样的变化。

1.2.3　概念模型

概念模型是对现实世界的第一次抽象，用实体及属性描述客观事物及其性质，用实体之间的联系描述客观事物之间的联系，属于信息世界范畴。

概念模型具有以下两个特点。

（1）真实性：真实客观地描述了现实世界中的信息实体和实体之间的联系。

（2）独立性：不依赖于具体的计算机系统或具体的 DBMS。因为客观真实，所以其是独立的（与具体的人也无关）。

1. 信息世界的几个概念

（1）实体（Entity）：客观存在并可相互区分的事物，可以是人、事、物，也可以是抽象的概念或联系。例如，学生、教师、课程、学生选修课程的事件、教师执教某一门课的协议等，都可以是实体。

（2）属性（Attribute）：实体具有的某一方面的特性。学生的学号、姓名、手机号码、邮件地址，教师的编号、姓名、职称，课程的类别、名称和学分等。

（3）码（Key）：也称关键字，是唯一标识实体的属性（组）。码可能不止一个。例如，在学生这个实体中，学生的学号、手机号码和邮件地址都可以是学生实体的码，都具有唯一性；而对于"选修事件"这个实体，码为属性组，即"学号+课程"。

（4）域（Domain）：属性的取值范围或集合。例如，学生学号是 12 位的数字串，性别的取值范围是'男'或'女'，课程成绩是 0～100 中的整数等。

（5）实体型（Entity Type）：实体型是对实体的描述，描述相同属性的实体具有的共同特征和性质。最简单的描述方法是用实体名及其属性名集合来抽象和刻画同类实体，其格式如下：实体名（属性 1，属性 2，……），构成码的属性用下画线标识。与实体型相对应的是实体值，实体值是单个个体，是实体型中的一个具体的值。例如，学生实体型可以描述为学生（学号，姓名，性别，出生年月，专业，手机号码，邮件地址），（'20160431101'，'李勇'，'男'，'1988.2'，'计算机'，'136056783211'，'liyong@163.com'）是具体的一个学生实体值，而全体学生就构成了学生实体集。型是描述，值是内容。

（6）联系（relationship）：在现实世界中，事物内部以及事物之间是有联系的，这些联系在信息世界中反映为实体内部的联系和实体之间的联系。

实体内部的联系通常是指组成实体的各属性之间的联系。例如，学生（学号，姓名，性别，班级，专业）中学号与姓名之间的联系。

两个实体之间的联系可分为以下 3 种。

（1）一对一（1∶1），如班级——班长（领导）。

（2）一对多（1∶N），如班级——学生（包含）。

（3）多对多（M∶N），如学生——课程（选修）。

2. 概念模型的描述工具

概念模型是对现实世界的第一次抽象。陈品山于 1976 年提出实体-联系（Entity-Relationship，E-R）法来描述概念模型。该方法用图形化的工具 E-R 图来描述现实世界的概念模型。下面介绍 E-R 图的基本图形符号。

（1）实体（型）：用命名的矩形框表示实体，矩形框的名称就是实体的名称。例如，学生实体如图 1-6 所示。

（2）实体的属性：用命名的椭圆表示属性，并用线段将该属性与所描述的实体连接起来。例如，学生实体及其属性如图 1-7 所示。

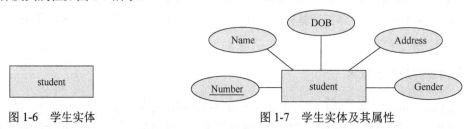

图 1-6　学生实体　　　　　　　　　　图 1-7　学生实体及其属性

（3）联系：用命名的菱形表示实体之间的联系，并用线段将发生该联系的实体连接起来。具体示例如图 1-8～图 1-10 所示。

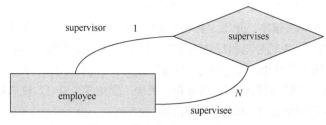

图 1-8　单元联系（递归联系）

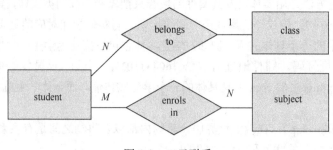

图 1-9　二元联系

图 1-10　三元联系

（4）联系的属性：不仅实体有属性，联系本身也可以有属性。具体示例如图 1-11 所示。

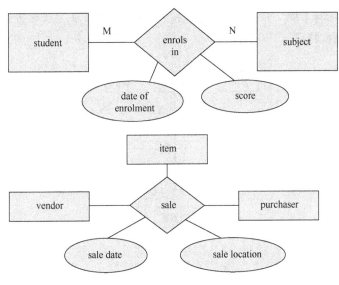

图 1-11　联系的属性

1.3　数据库系统结构

数据库系统的结构可以从不同角度进行划分。

从数据库管理系统的角度，数据库系统通常采用三级模式结构，这是数据库管理系统内部对数据库进行组织管理的结构。

从数据库最终用户的角度，数据库系统可分为单用户结构、主从式结构、文件服务器结构、客户机/服务器体系结构、分布式结构、浏览器/应用服务器/数据库服务器多层结构等，这是数据库系统的外部体系结构。

1.3.1　数据库模式

模式（Schema）是数据库中全体数据的逻辑结构和特征的描述，模式的一个具体值称为模式的一个实例（Instance）。同一个模式可以有多个实例。模式是相对稳定的，而实例是相对变动的，因为数据库中的数据是在不断更新的。模式反映的是数据的结构及其联系，而实例反映的是数据库某一时刻的状态及内容。

1.3.2　数据库系统的三级模式结构

数据库系统结构分为 3 层，即内模式、概念模式（模式）和外模式，三级模式和模式间的相互映射就组成了数据库系统的体系结构，如图 1-12 所示。这个三级结构有时称为"三级模式结构"，最早是在 1971 年的 DBTG 报告中提出的，后来收录在 1975 年美国的 ANSI/SPARC 报告中。虽然现在 DBMS 的产品多种多样，并在不同操作系统的支持下工作，但是大多数系统在总的体系结构上具有三级模式的结构特征。

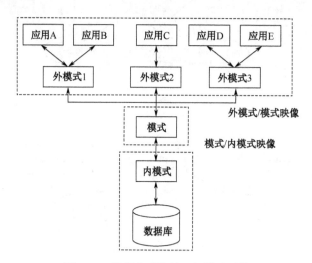

图 1-12　数据库系统的三级模式结构

从某个角度看到的数据特性称为"数据视图（Data View）"。

（1）外模式也称子模式或用户模式，是某数据库用户（包括应用程序员和最终用户）使用的局部数据的逻辑结构和特征的描述。

（2）模式涉及所有用户的数据定义，是全局的数据视图。全局数据视图的描述也称为"概念模式"。

（3）内模式最接近于物理存储设备，涉及实际数据存储的物理结构和存储方式。物理存储数据视图的描述称为"内模式"。

1．模式

一个数据库只有一个概念模式，它以某一种数据模型为基础，统一综合地考虑了所有用户的需求，并将这些需求有机地结合成一个逻辑整体。概念模式描述了所有实体、实体的属性和实体间的联系，数据的约束和语义信息。

概念模式由许多记录类型的值组成。例如，它可能包括部门记录值的集合、职工记录值的集合、供应商记录值的集合、零件记录值的集合等。

模式是数据库系统模式结构的中间层，与数据的物理存储细节和硬件环境无关，与具体的应用程序、开发工具及高级程序设计语言无关。定义模式时，不仅要定义数据的逻辑结构，还要定义数据之间的联系，定义与数据有关的安全性、完整性要求。

在数据库管理系统中，描述概念模式的数据定义语言称为"模式 DDL"。

2．外模式

外模式（用户可见的视图）是数据库用户能够（有权限）看见和使用的局部数据的逻辑结构和特征的描述，是数据库用户的数据视图，是与某个应用有关的数据的逻辑表示，是数据库模式的一个子集。

一个数据库可以有多个外模式，反映了不同的用户应用需求、看待数据的方式以及对数据保密的要求；对于模式中同一数据，在外模式中的结构、类型、长度、保密级别等都可以因为不同用户（或应用）的个性化需求而不同。

外模式是保证数据库安全性的一个有力措施。每个用户只能看见和访问所对应的外模式中的数据，数据库中的其余数据是不可见的。可以通过 DDL 定义视图来定义用户的外模式，用户使用 DML 语句对视图进行操作，完成需要的数据处理。

3．内模式

内模式也称存储模式/物理模式，是数据物理结构和存储方式的描述，是数据在数据库内部的表示方式、记录的存储方式（顺序存储，按照 B 树结构存储，按 Hash 方法存储）、索引的组织方式、数据是否压缩存储、数据是否加密、数据存储记录结构的规定，一个数据库只有一个内模式。

注意：内模式和物理层仍然不同。内部记录并不涉及物理记录，也不涉及设备的约束。比内模式更接近物理存储和访问的那些软件机制是操作系统的一部分，即文件系统。

1.3.3　数据库的二级映像功能与数据独立性

数据库系统的三级模式结构是数据的 3 个抽象级别。它把数据的具体组织留给 DBMS 去做，用户只要抽象地处理数据即可，而不必关心数据在计算机中的表示和存储。不同抽象级别的数据之间的转换，通过定义三级结构之间的映像来实现：外模式/概念模式映像、概念模式/内模式映像，如图 1-12 所示。

这两层映像保证了数据库系统中的数据能够具有较高的逻辑独立性和物理独立性。

1．外模式/模式映像

其定义了外模式与模式之间的映像关系。由于外模式和模式的数据结构可能不一致，即记录类型、字段类型的命名和组成可能不一样，因此，需要这个映像说明外部记录和概念记录之间的对应性。

当模式发生改变时，可以通过修改相应的外模式/模式的映像，使外模式保持不变，应用程序是依据数据的外模式编写的，从而应用程序不必修改，保证了数据与程序的逻辑独立性，简称数据的逻辑独立性。

2．模式/内模式映像

其定义了模式和内模式间的映像关系，即定义了数据库全局逻辑结构与存储结构之间的对应关系。当数据库的存储结构改变后，可以通过修改模式/内模式映像来使模式保持不变，从而应用程序也不必改变，保证了数据与程序的物理独立性，简称数据的物理独立性。

1.3.4　数据库系统用户结构

从最终用户角度来看，数据库系统分为单用户结构、主从式结构、客户机/服务器结构和分布式结构。

1．单用户结构数据库系统

单用户结构数据库系统是一种早期最简单的数据库系统，如图 1-13 所示。在这种系统中，整个数据库系统（包括应用程序、DBMS、数据）都装在一台计算机中，由一个用户独占，不同计算机之间不能共享数据。

2．主从式结构数据库系统

主从式结构是指一个主机带多个终端的多用户结构，如图 1-14 所示。在这种结构中，数据库系统（包括应用程序、DBMS、数据）都集中存放在主机中，所有处理任务都由主机来完成，各个用户通过主机的终端并发地存取数据库，共享数据资源。

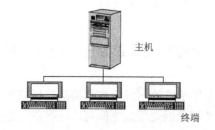

图 1-13　单用户结构数据库系统　　　　图 1-14　主从式结构数据库系统

3．客户机/服务器结构数据库系统

主从式结构数据库系统中的主机是一台通用计算机，既执行 DBMS 功能，又执行应用程序。随着工作站功能的增强和广泛使用，人们开始把 DBMS 的功能和应用分开，网络中某个（些）结点上的计算机专门用于执行 DBMS 功能，称为数据库服务器，简称服务器；其他结点上的计算机安装 DBMS 的外围应用开发工具，支持用户的应用，称为客户机，这就是客户机/服务器结构的数据库系统，如图 1-15 所示。

在客户机/服务器结构中，客户端的用户请求被传送到服务器，服务器进行处理后，只将结果（而不是整个数据）返回给用户，从而显著减少了网络中的数据传输量，提高了系统的性能、吞吐量和负载能力。此外，客户机/服务器结构的数据库往往更加开放。客户机与服务器一般能在多种不同的硬件和软件平台上运行，可以使用不同厂商的数据库应用开发工具，应用程序具有更强的可移植性，也可以减少软件维护开销。

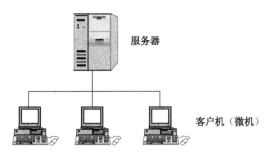

图 1-15　客户机/服务器结构数据库系统

4．分布式结构数据库系统

分布式结构是指数据库中的数据在逻辑上是一个整体，但分布在计算机网络的不同结点上。网络中的每个结点都可以独立处理本地数据库中的数据，执行局部应用，也可以同时存取和处理多个异地数据库中的数据，执行全局应用，如图 1-16 所示。它的优点是适应了地理上分散的公司、团体和组织对于数据库应用的需求；缺点是数据的分布存放给数据的处理、管理与维护带来了困难，当用户需要经常访问远程数据时，系统效率会明显地受到网络交通的制约。

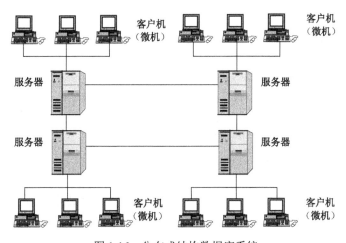

图 1-16　分布式结构数据库系统

1.4　关系数据库

1.4.1　关系数据库概述

在一个给定的应用领域中，所有关系及关系之间联系的集合构成一个关系数据库。

1．关系的概念

那么，什么是关系？在关系数据库中，一个关系就是一张唯一命名的二维表，由相同结构的行和不同名称的列组成。如图 1-17 所示，表中的一行就是一个元组（也称记录），表中的列为一个属性，给每个属性取一个名即为其属性名（也称字段名）。属性的取值范围是属性的域。能唯一区分一个元组的属性或者属性组，是关系的候选码；可以选定其中一个候选码作为关系的主码，一个关系有且只有一个主码。分量是某个元组在某列上的取值。

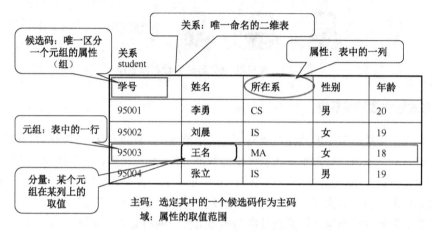

图 1-17　学生关系（表）

2．关系的基本性质

关系具有以下 6 个基本性质。
① 关系中每个列的取值是不可分的数据项，是数据库中的最基本单位。
② 关系中列是同质的，即同一列的数据具有相同的数据类型及约束。
③ 关系中列的名称是唯一的，不同的列可以来自相同的域。
④ 关系中行的顺序可以是任意的。
⑤ 关系中列的顺序是无所谓的。
⑥ 关系中不允许有完全相同的两个行。每个关系都有主码关键字（Key）的属性集合，用于唯一地标识关系中的各记录行。

3．关系间的联系

解决实际问题往往需要多个关系，关系和关系是有联系的，这种联系也用关系表示。例如，有两个关系，分别是学生关系和课程关系：

学生（学号，姓名，所在系，性别，年龄），主码是学号，记录所有在校学生的信息，如图 1-17 所示；

课程（课程号，课程名，学分，先修课程号），主码是课程号，记录学校能够开出以供学生选修的所有课程信息，如图 1-18 所示。

课程号	课程名	学分	先修课程号
1	数据库	4	5
2	数学	2	
3	信息系统	4	1
4	操作系统	3	6
5	数据结构	4	7
6	数据处理	2	
7	PASCAL	4	6

图 1-18　课程关系（表）

在学校中，学生要选修多门课程，每一门课程都有可能被多个学生选修，学生和课程在选修这件事情发生的时候就要建立联系，这样的联系要用第三个关系来表示，即：

选修（学号，课程号，成绩），主码是学号+课程号，记录学生选修课程的信息，如图 1-19 所示。

学号	课程号	成绩
95001	1	92
95001	2	85
95001	3	88
95002	2	90
95002	3	80
...	...	...

图 1-19　选修关系（表）

关系之间的联系，最终转换为不同关系中数据之间的联系，表现为取值之间的约束和关联。这样的约束和关联用外码机制来实现。

设 F 是基本关系 R 的一个或一组属性，但不是关系 R 的码，如果 F 与基本关系 S 的主码相对应，则称 F 是基本关系 R 的外码(Foreign Key)，并称基本关系 R 为参照关系(Referencing Relation)，基本关系 S 为被参照关系（Referenced Relation）或目标关系（Target Relation）。

例如，有以下 3 个关系：

学生（学号，姓名，系别，性别，先修课程号，年龄），主码是学号，记录所有在校学生的信息；

课程（课程号，课程名，学分，先修课程号），主码是课程号，记录学校能够开出以供学生选修的所有课程信息；

选修（学号，课程号，成绩），主码是学号+课程号，记录学生选修课程的信息。

其中，选修关系中的"学号"要和学生关系中的主码"学号"相对应，而课程号和课程关系中的主码"课程号"相对应，也就是说选修关系中有两个外码："学号"和"课程号"。

外码机制描述的是关系数据库中表与表之间的关系，也就是数据之间的联系。例如，选修关系的两个外码描述了选修关系中选课记录与学生信息和课程信息之间的关联，选课信息一定是学生关系中的某一学生选修了课程关系中的某门课程，如图 1-20 所示。

课程

课程号	课程名	学分	先修课程号
1	数据库	4	5
2	数学	2	
3	信息系统	4	1
4	操作系统	3	6
5	数据结构	4	7
6	数据处理	2	
7	PASCAL	4	6

学生

学号	姓名	系别	性别	年龄
95001	李勇	CS	男	20
95002	刘晨	IS	女	19
95003	王名	MA	女	18
95004	张立	IS	男	19

选修

学号	课程号	成绩
95001	1	92
95001	2	85
95001	3	88
95002	2	90
95002	3	80
…	…	…

图 1-20　表间的联系（数据之间的联系）

4. 关系的完整性

1）实体完整性

关系模型中以主码为唯一性标志，主码中的属性（即主属性）不能为空值。

规则 1.1　实体完整性规则：若属性 A 是基本关系 R 的主属性，则属性 A 不能取空值。

简单来讲，就是关系中的主码的取值必须是唯一的和非空的，这里非空指的是每一个构成主码的属性都要非空。例如，学生的学号必须是非空的和唯一的；而选修关系的主码包含两个属性——学号和课程号，因此学号和课程号的组合的取值必须是唯一的，而且均不能取空值。这和实际应用也是非常符合的。试想，在一个选课记录中，假设学号为空值，课程号为"C001"，则表示有一个不知道学号的学生选修了"C001"课程，但只要是在校的学生，就一定会有学号的。

2）参照完整性

规则 1.2　参照完整性规则：若属性（或属性组）F 是基本关系 R 的外码，它与基本关系 S 的主码 Ks 相对应（基本关系 R 和 S 不一定是不同的关系），则 R 中的每个元组在 F 上的值或者取空值（F 的每个属性值均为空值），或者等于 S 中某个元组的主码值。

如在图 1-19 中，选修关系的学号和课程号都是外码，学号和课程号的取值就要符合参照完整性规则，即要确保选修关系中学号的取值与学生关系中某一学生的学号相等，且课程号的取值与课程关系中某一门课程的课程号相等，参照完整性限定的选课信息记录是该校某在校生选修了某一门学校开出的课程。

3）用户定义的完整性

用户定义的完整性约束就是针对某一具体关系数据库的约束条件，它反映了某一具体应用所涉及的数据必须满足的语义要求。

例如，学生的学号的编码格式、成绩的取值范围或取值集合等。

1.4.2　关系数据库设计

什么是数据库设计呢？广义地讲，是数据库及其应用系统的设计，即设计整个数据库应用系统，如图书管理系统、办公自动化系统、电子政务系统、财务管理系统、电子商务平台等。狭义地讲，是数据库设计本身，即设计数据库的各级模式并建立数据库，这是数据库应用系统设计的一部分。本书以某学校的图书管理系统设计和实现为目标，设计数据库和应用系统，并使用 Visual FoxPro 开发工具实现图书管理系统的基本核心功能；本节主要介绍狭义的数据库设计，以图书管理系统的数据库设计为例，介绍数据库设计的方法、技术和步骤。

数据库设计要基于一个给定的应用环境，根据用户的信息需求、处理需求和数据库的支撑环境，利用数据模型和应用程序模拟现实世界中该单位的数据结构和处理活动的过程，是数据设计和数据处理设计的结合。规范化的数据库设计要求数据库中的数据达到最大程度的共享、最小的冗余度，以及较高的独立性，并保证数据的一致性、正确性和相容性。

1．数据库设计方法

早期数据库设计主要采用手工与经验相结合的方法。设计的质量往往与设计人员的经验、水平有直接关系，缺乏科学理论和工程方法的支持，设计质量难以保证，常常是数据库运行一段时间后又不同程度地发现各种问题，需要进行修改甚至重新设计，增加了系统维护的代价。

为此，人们努力探索，提出了各种数据库设计方法。

（1）新奥尔良（New Orleans）方法。该方法运用软件工程的思想，按一定的设计规程，应用工程化方法，把数据库设计分为若干阶段和步骤，并采用一些辅助手段实现每一过程。

（2）基于 E-R 模型的数据库设计方法。该方法用 E-R 模型来设计数据库的概念模型，是数据库设计阶段广泛采用的方法。

（3）3NF（第三范式）的设计方法。该方法以关系数据库理论为指导来设计数据库的逻辑模型，是设计关系数据库时在逻辑阶段可以采用的一种有效方法。

（4）对象定义语言（Object Definition Language，ODL）方法。这是面向对象的数据库设计方法。该方法用面向对象的概念和术语来说明数据库结构。

以上方法都属于规范设计法，本质上看仍然是手工设计方法，其基本思想是过程迭代和逐步求精。在实际数据库应用系统设计过程中，一般会遵循一定的步骤，运用相应的设计方法和工具，基于需求分析所得到的数据管理需求、系统的业务功能处理需求以及业务处理规则和完整性需求，设计数据库的概念结构、逻辑结构和物理结构，创建数据库和开发应用系统。

2．数据库设计步骤

按照规范化设计的方法，考虑数据库及其应用开发全过程，将数据库应用系统设计分为以下 6 个阶段：需求分析、概念结构设计、逻辑结构设计、物理结构设计、数据库系统实施、数据库系统运行和维护。

在数据库设计过程中，需求分析和概念结构设计可以独立于任何数据库管理系统进行；逻辑结构设计、物理结构设计与选用的数据模型以及 DBMS 密切相关。

数据库设计之前，首先必须选定参加数据库设计的人员，包括系统分析员、数据库设计师、应用开发者、数据库管理员和用户代表。系统分析和数据库设计人员是数据库设计的核心人员，他们将自始至终参与数据库设计，他们的水平决定了数据库系统的质量。用户和数据库管理员在数据库设计中也是举足轻重的，他们主要参加需求分析和数据库的运行和维护。应用开发者包括程序员和操作员，分别负责编制程序和准备软硬件环境，他们在系统实施阶段参与进来。

设计一个完善的数据库应用系统是不可能一蹴而就的，它往往是上述 6 个阶段的不断反复。在设计过程中要把数据库的设计和对数据库中数据处理的设计紧密结合起来。

3．需求分析

需求分析是数据库应用系统设计的基础，也是最困难和最耗时间的一步。本阶段的主要任务就是通过调查、收集和分析，获得用户对数据库的信息需求、处理需求、安全性和完整性需求。信息需求指的是需要在数据库中存储的数据信息以及信息的内容、格式、获取方式等；处理需求指的是用户希望数据库应用系统完成什么处理功能，处理的响应时间有什么要求，处理的方式是什么。每一项处理功能用到的、产生的以及需要存储、传播的数据信息的总和就是数据库的信息需求。这一阶段会用数据流图和数据字典等工具描述需求分析的结果，完成需求分析报告。

4．概念结构设计

概念结构设计是整个数据库设计的关键，它通过对用户需求进行综合、归纳与抽象，形成独立于具体 DBMS 的概念模型。

概念结构设计的步骤如下。

（1）对需求分析得到的数据需求进行综合、归纳、抽象，得到所有的信息实体。

（2）分析实体之间的联系。

（3）分析每个实体的属性，绘制 E-R 图。

（4）确定每个属性的域。

（5）分析每个实体的候选码和主码。

（6）检查模型的冗余度。

（7）验证模型能否支持用户需求。

（8）与用户进行确认。

通常，数据库的概念结构用 E-R 图来表示。

5．逻辑结构设计

关系模型的逻辑结构是一组关系模式的集合。E-R 图则是由实体、实体的属性和实体之间的联系 3 个要素组成的。所以，将 E-R 图转换为关系模型，实际上就是要将实体、实体的属性和实体之间的联系转换为关系（表）。这种转换一般遵循如下原则。

1）实体与实体属性的转换。

实体与实体属性的转换即一个实体型转换为一个关系（表）。实体的属性就是关系的属性。实体的码就是关系的码。例如，图 1-17 中学生实体 Student 及其属性可以转换为如下关系，其中学号 Number 为学生关系的码。

Student(<u>Number</u>，Name，DOB，Gender，Age)

例如，图 1-21 中教师 Teacher 实体与班级 Class 实体转换为两个关系（表）。

Teacher(<u>Tno</u>,Tname,Ttitle,Tsex)

Class(<u>ClassNo</u>,ClassName,StuNumber)

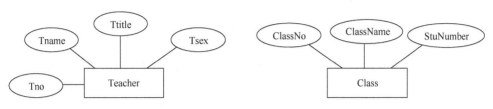

图 1-21　Teacher 实体&班级 Class 实体

2）实体间联系的转换

（1）一个 1∶1 联系可以转换为一个独立的关系表，也可以将任意一端关系中的码属性添加到另一端的关系（表）中。

如果转换为一个独立的关系（表），则与该联系相连的各实体的码及联系本身的属性均转换为关系的属性，每个实体的码均是该关系的候选码，任选其中一个作为主码即可。

如果不转换为独立的关系（表），则需要在一个关系（表）的属性中加入另一个关系（表）的码和联系本身的属性，而原来的码不变。

例如，假设一个班级只能由一个班主任（教师）管理，一个班主任也只能管理一个班，则教师与班级之间具有一对一联系，如图 1-22 所示。

图 1-22　1∶1 联系

将其转换为关系有以下 3 种方法。

① 转换成一个独立的关系（表）：

Manages（Tno，ClassNo）

② 将"Teacher"关系（表）中的主码属性职工号"Tno"加入到"Class"关系（表）中，并作为"Class"关系（表）的外码，参照"Teacher"关系（表）的主码：

Class（<u>ClassNo</u>，ClassName，StuNumber，Tno）

③ 将"Class"关系（表）中的主码属性班级号"ClassNo"加入到"Teacher"关系（表）中，并作为"Teacher"关系（表）的外码，参照"Class"关系（表）的主码：

Teacher(<u>Tno</u>，Tname，Ttitle，Tsex，ClassNo)

（2）一个 1∶N 联系的转换可将"1"端关系中的码加入 "N"端实体对应的关系模式中，并作为 N 端关系模式的外码，而原来的码不变。

图 1-23　1∶N 联系

例如，假如有一个学生"BelongsTo"的联系，即一个学生只能属于一个班级，一个班级可能有多个学生，该联系为 1:N 联系，将其转换为关系模式的方法如下。

将"1"端实体的主码属性班级号"ClassNo"添加到"N"端实体对应的关系 Student 关系（表）中，并作为该关系（表）的外码，原主码不变。

Student(Number，Name，DOB，Gender，ClassNo，Age)

（3）一个 M:N 联系转换为一个关系：必须转换为一个独立关系（表），与该联系相连的各实体的码及联系本身的属性均转换为新关系的属性，而关系（表）的码为各实体码的组合，如图 1-24 所示。

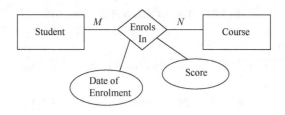

图 1-24　M:N 联系

例如，假如有一个学生选修课程"EnrolsIn"的联系，即一个学生可以选修多门课程（Course（Cno，Cname，Ccredit，Ctype）），一门课程可以被多个学生选修，每个学生选修课程都有选课时间，考试后有一个成绩。该联系是一个 M:N 联系，可将其转换为如下关系（表）。

EnrolsIn（Number，Cno，DateofEnrolment，Score）

6．图书管理系统数据库

下面给出简化版的图书管理系统数据库。实际中由于涉及不同图书馆的不同业务功能，系统比较复杂，本书实例中忽略了许多细节，保留图书馆最基本的功能业务，包括图书信息管理和查询、读者信息管理、图书借阅和归还等功能。为了记录这些业务处理所需的数据信息，需要设计关系（表）存储图书基本信息、读者信息、图书借阅信息、用户口令信息等。具体关系（表）的结构设计如下。

1）书籍情况表（Book）

这里设计 Book 关系（表）来存储图书馆所有图书的信息，包括图书编号、书名、作者姓名、出版社名称、出版日期、类别、馆藏册数、图书定价等信息，图书编号是唯一的。

Book（图书编号，书名，作者，出版社，出版日期，类别，册数，定价，备注），其中主码是"图书编号"其结构如表 1-1 所示。

表 1-1　Book 的结构

属性（字段）名	类　型	宽　度	小数位数	约　束	能否取空值
图书编号	字符型	10		主码，以 ts 开头的数字串	否
书名	字符型	40			否
作者	字符型	20			否
出版社	字符型	20			否

续表

属性（字段）名	类　型	宽　度	小数位数	约　束	能否取空值
出版日期	日期	8			
类别	字符型	10			否
册数	数值型	3	0	大于 0 的整数	否
定价	数值型	6	2		否
备注	字符型	10	10		

部分图书信息如图 1-25 所示。

Book

图书编号	书名	作者	出版社	出版日期	类别	册数	定价	备注
ts0001	软件工程	陈素素	清华大学出版社	04/14/13	计算机	5	25	
ts0002	英语情景口语100主题	Mark	中国广播电视出版社	01/14/06	英语	5	25	
ts0003	软件质量保证与测试	王朔	电子工业出版社	10/01/10	计算机	5	30	
ts0004	现代经济	王时	高等教育出版社	05/15/12	经济	5	25	
ts0005	雍正皇帝	二月河	长江文艺出版社	09/15/05	文学	4	33	
ts0006	大学计算机基础项目式教程	骆耀祖	北京邮电大学出版社	01/15/13	计算机	5	29	
ts0007	数据库应用基础	金大中	浙江大学出版社	04/14/15	计算机	4	30	
ts0008	大学英语四级考试	朱家贺	人民出版社	06/08/13	英语	4	20	
ts0009	软件质量保证与测试	于倩	电子工业出版社	03/05/17	计算机	4	56	
ts0010	visual foxpro程序设计案例教程	杨永	中国石化出版社	11/10/16	计算机	5	32	

图 1-25　部分图书信息

2）读者情况表（Reader）

设计 Reader 关系（表）记录读者信息，包括读者借书卡号、姓名、性别、电话、所在院系和班级、借书卡失效日期、押金等信息。

Reader（读者卡号，姓名，性别，电话，证件号码，分院，班级，失效日期，押金，备注），其结构如表 1-2 所示。

表 1-2　Reader 的结构

属性（字段）名	类　型	宽　度	小数位数	约　束	能否取空值
读者卡号	字符型	10		主码，数字串	否
姓名	字符型	20			否
性别	字符型	1		值为 M 或 F	否
电话	字符型	11			
证件号码	字符型	18		身份证号或者学号	否
分院	字符型	20			否
班级	字符型	12			否
失效日期	日期型	8			否
押金	数值型	3	0	押金默认为 100	否
备注	字符型	10	10		

部分读者信息如图 1-26 所示。

Reader

读者卡号	姓名	性别	电话	证件号码	分院	班级	失效日期	押金	备注
0001	王强	T	18368373885	1420400302	信息	14计算机3班	07/01/18	100	
0002	何进	T	18368373994	1420400215	信息	14计算机2班	07/01/18	100	
0003	周正	F	18368379495	1520400210	信息	15计算机2班	07/01/19	100	
0004	刘协	F	18368372095	1420340101	工商管理	14物流1班	07/01/18	100	
0005	杨休	T	18368372196	1420340102	工商管理	14物流1班	07/01/18	100	
0006	施存	F	18368378989	1420340103	工商管理	14物流1班	07/01/18	100	
0007	司马郎	T	18368378990	1520110101	会计	15审计1班	07/01/19	100	
0008	郭照	F	18368382525	1520110102	会计	15审计1班	07/01/19	100	
0009	张春华	F	18368372526	1520110103	会计	15审计1班	07/01/19	100	
0010	陈力群		18368372527	1520110104	会计	15审计1班	07/01/19	100	

图 1-26　部分读者信息

3）借阅情况表（Borrow）

设计 Borrow 关系（表）记录图书借阅信息，包括借阅的读者、所借图书、借阅日期、借阅天数、实际归还日期、数量、归还状态等。

Borrow（读者卡号，图书编号，借阅日期，借阅天数，归还日期，数量，归还状态），其结构如表 1-3 所示。

表 1-3　Borrow 的结构

属性（字段）名	类　型	宽　度	小数位数	约　束	能否取空值
读者卡号	字符型	10		主码，外码为读者卡号、图书编号，分别参照 Reader 和 Book	否
图书编号	字符型	15			否
借阅日期	日期型	8			否
借阅天数	数值型	3	0		
归还日期	日期型	8		归还日期大于借阅日期	
数量	数值型	2	0		否
归还状态	逻辑型	1			

部分借阅信息如图 1-27 所示。

Borrow

读者卡号	图书编号	借阅日期	借阅天数	归还日期	数量	归还状态
0001	ts0001	06/07/17	30	06/27/17	1	T
0001	ts0002	06/07/17	30	06/07/17	1	T
0001	ts0003	06/07/17	30	06/07/17	1	T
0002	ts0004	06/07/17	30	06/29/17	1	T
0002	ts0005	06/07/17	30	/ /	1	F
0002	ts0006	06/07/17	30	06/29/17	1	T
0003	ts0007	06/07/17	30	/ /	1	F
0003	ts0008	06/07/17	30	/ /	1	F
0003	ts0009	06/07/17	30	/ /	1	F

图 1-27　部分借阅信息

4）用户口令表（Passwordinfo）

用户口令存储在 Passwordinfo 中，其结构如表 1-4 所示。

表 1-4 Passwordinfo 的结构

属性（字段）名	类　型	宽　度	小数位数	约　束	能否取空值
用户名	字符型	10		主码	否
密码	字符型	8			

注：在 VFP 系统中，关系（表）又称数据表，关系的属性称为数据表的字段。从第 3 章开始，数据库中的关系表按照 VFP 系统统一称为数据表。

1.5 本章小结

本章首先介绍了数据库、数据库管理系统等基本概念，同时简介了数据库的系统结构和数据库的用户结构。数据库的系统结构是对数据的 3 个抽象级别。它把数据的具体组织留给 DBMS 去做，用户只需要抽象地处理逻辑数据，而不必关心数据在计算机中的存储，减轻了用户使用系统的负担。由于三级结构之间往往差别很大，存在着两级映像，因此数据库系统具有较高的数据独立性、物理数据独立性和逻辑数据独立性。关系数据库和数据库的设计，主要包括数据库的需求分析、概念结构设计和逻辑结构设计，以及规范化数据库的基本理论。关系完整性是关系数据库必须满足的完整性约束条件，它提供了一种手段来保证当授权用户对数据库修改时不破坏数据的一致性。因此，完整性约束防止的是对数据的意外破坏，从而降低了应用程序的复杂性，提高了系统的易用性。最后，本章给出了一个规范化的简单图书管理系统数据库，作为后续章节的实例使用。

思考与练习

1．试述数据、数据库、数据库管理系统、数据库系统的含义。

2．试述数据库系统的三级模式结构，这种结构的优点是什么？

3．什么是数据库与程序的物理独立性？什么是数据与程序的逻辑独立性？

4．简述数据库系统的用户结构。

5．什么是关系数据库？关系数据库设计有哪些步骤？

6．某工厂生产若干产品，每个产品由不同零件组成，有的零件可以用在不同的产品上。这些零件由不同的原材料制成，不同零件所用的材料可以相同。这些零件按所属的不同产品分别放在仓库中，原材料按照类别放在若干仓库中。请用 E-R 图画出此工厂产品、零件、材料、仓库的概念模型，并将其转换为关系模型的逻辑结构，并对每个关系进行规范。

7．根据完整性约束规则，设计上述每个关系的约束条件。

第 2 章

VFP 及项目创建

 本章主要内容

本章主要介绍 Visual FoxPro 软件，包括：该软件的基本运行环境、运行过程、界面组成等；项目管理器、项目等重要概念；通过构建图书馆管理系统，掌握利用项目管理器创建项目的基本步骤。

 本章难点提示

本章的难点是真正了解和掌握项目管理器在系统设计过程中所起的重要作用，从而正确使用项目管理器。

Visual FoxPro（VFP）采用了可视化、面向对象的程序设计方法，是目前最流行的关系型数据库管理系统之一。目前许多小型的管理信息系统都是用 VFP 开发的。

本章先对 Visual FoxPro 做简单介绍，包括软件的启动和退出、软件的主界面、软件的安装环境和配置等；再介绍案例，并使用 VFP 创建该案例的应用系统项目。本书后续章节均围绕该项目开发所需要的技术逐步展开，以方便读者理解和运用相应的技术，进行项目开发实践。

2.1　Visual FoxPro 概述

1989 年下半年，FoxPro 1.0 正式推出，它首次引入了基于 DOS 环境的窗口技术，用户使用的界面出现了与命令等效的菜单系统。它支持鼠标，操作方便，是一个与 DBASE、FoxBASE 全兼容的编译型集成环境式的数据库系统。1991 年，FoxPro 2.0 推出，由于使用了 Rushmore 查询优化技术、先进的关系查询与报表技术及整套第 4 代语言工具，FoxPro 2.0 在性能上得到了大幅度的提高。

1992 年，微软公司收购了 Fox 公司，把 FoxPro 纳入自己的产品。它利用自身的技术优势和巨大的资源，在不长的时间中开发出了 FoxPro 2.5、FoxPro 2.6 等，包括 DOS、Windows、Mac 和 UNIX 4 个平台的软件产品。

1995 年 6 月，微软公司推出了 FoxPro 3.0。1998 年，微软公司发布了可视化编程语言集成包——FoxPro 6.0。FoxPro 6.0 是可运行于 Windows 98/NT 平台的 32 位数据库开发系统，能充分发挥 32 位微处理器的强大功能，是直观易用的编程工具。之后，微软公司推出了 FoxPro 7.0 和 8.0。

2004 年 12 月，微软公司公布了 FoxPro 9.0，目前最高版本是 FoxPro 9.0 SP2，其包括支持创建 Web Services 及与.NET 兼容性一样好的 XML 开发方式、扩展的 SQL 增强技术、新的智能客户端界面控件技术和开发期间进行编译的技术。

2.1.1　Visual FoxPro 的启动与关闭

1．Visual FoxPro 的启动

Visual FoxPro 是一个应用程序，其启动与 Word 等其他应用程序无区别，一般有以下几种启动方法。

（1）双击桌面上的快捷图标，如图 2-1 所示。

图 2-1　桌面快捷图标

（2）通过在 Windows 中选择"开始"→"所有程序"→"Visual FoxPro"选项启动。

（3）通过在 Windows 中选择"开始"→"运行"选项，弹出"运行"对话框，单击"浏览"按钮，找到 Microsoft Visual FoxPro 9.0 文件夹，启动 VFP9.exe 程序。

（4）通过 Windows 的资源管理器或"计算机"，找到 VFP9.exe 程序并启动。

2．Visual FoxPro 的关闭

关闭 Visual FoxPro 的方法有如下几种。

（1）单击 Visual FoxPro 窗口右上角的"关闭"按钮。

（2）在 Visual FoxPro 中选择"文件"→"退出"选项，如图 2-2 所示。

（3）在 Visual FoxPro 的命令窗口中输入命令"QUIT"，如图 2-2 所示。

（4）双击窗口左上角的控制菜单按钮。

（5）按快捷键 Alt+F4。

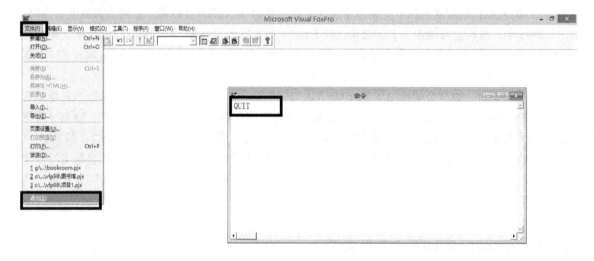

图 2-2　关闭 VFP

2.1.2　Visual FoxPro 用户界面的组成

Visual FoxPro 用户界面主要由标题栏、菜单栏、工具栏、命令窗口、浏览窗口等组成，如图 2-3 所示。

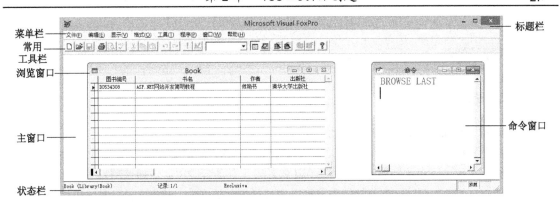

图 2-3　Visual FoxPro 用户界面

2.1.3　系统环境配置

运行 Visual FoxPro 9.0 的计算机的最低配置需求如下。

处理器：Pentium 级。

内存：64MB RAM。

可用硬盘空间：165MB。

显示：分辨率为 800 像素×600 像素，256 色。

操作系统：Windows 2000 SP3 及后续版本。

2.2　图书管理系统项目的创建

2.2.1　案例描述

图书管理系统的主要功能模块包括图书信息管理、读者信息管理、图书借阅服务、查询和统计、系统管理等，具体如下。

（1）图书信息管理：包含图书信息录入、图书信息修改。

（2）读者信息管理：包含读者信息录入、读者信息修改。

（3）图书借阅服务：包含图书借阅和图书归还。

（4）查询和统计：包含借阅情况查询、图书分类统计、图书借阅情况统计、读者借阅情况统计、逾期记录统计。

（5）系统管理：包含用户注册、用户修改、退出系统。

要开发图书管理系统，首先应利用项目管理器创建项目，项目可以有效地管理系统所涉及的所有文件、数据、文档及对象，相当于"图书管理系统"项目的控制中心。

2.2.2 知识链接

1. 项目管理器

为了提高工作效率，VFP 提供了一个非常有效的管理工具：项目管理器。它是 VFP 中处理数据和对象的主要组织工具。项目管理器通过项目文件（*.pjx）对应用程序开发过程中的所有文件、数据、文档、对象进行组织和管理，是整个 VFP 开发工具的控制中心。通过项目管理器，可以对文件进行建立、修改、删除、浏览等操作；可以向项目中添加文件、移出文件，最终可以对整个应用程序的所有各类文件及对象进行测试及统一连编，以形成应用程序文件(*.app)或可执行文件(*.exe)。

2. 项目

项目是文件、数据、文档及其他 VFP 对象的集合，要建立一个项目就必须先创建一个项目文件，项目文件的扩展名为.pjx。

2.2.3 案例实施

1. 项目的创建

打开 VFP 软件主窗口，通过"文件"菜单来新建项目文件，项目文件名为"图书管理系统"。可以通过菜单和命令两种方式创建"项目"。

（1）菜单方式：选择"文件"→"新建"选项，弹出"新建"对话框，选中"项目"单选按钮，如图 2-4 和图 2-5 所示。

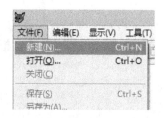

图 2-4　选择"新建"选项

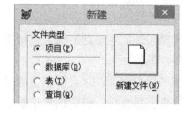

图 2-5　选中"项目"单选按钮

单击"确定"按钮，弹出"创建"对话框，输入项目名称"图书管理系统"，单击"保存"按钮，如图 2-6 所示。

（2）命令方式：在命令窗口中输入"CREATE　PROJECT"，如图 2-7 所示。

2. 选项卡

在项目管理器中打开"图书管理系统.pjx"，可以看到其包含 6 个选项卡："全部""数据""文档""类""代码"和"其他"，如图 2-8 所示。

图 2-6　"创建"对话框

图 2-7　输入新建项目命令

图 2-8　项目管理器

（1）"全部"选项卡包含了其他 5 个选项卡的内容，集中显示该项目的所有文件。

（2）"数据"选项卡用于显示项目的所有数据，包括数据库、自由表、查询、视图。

（3）"文档"选项卡用于显示项目中处理的所有文档，包括表单、报表、标签。

（4）"类"选项卡用于显示项目中所有自定义的类。

（5）"代码"选项卡用于显示项目使用的所有程序，包括程序文件(*.prg)、函数 API Libraries、应用程序文件(*.app)。

（6）"其他"选项卡用于显示项目中所用到的其他文件，包括菜单文件、文本文件、其他文件，如位图文件(*.bmp)、图标文件(*.ico)等。

3．选项卡展开情况

单击项目管理器左侧的"+"按钮，将各项展开，可以看到每项包含的内容 如图 2-9 所示。

图 2-9　展开项目管理器

4．项目管理器中的按钮

可以看到，项目管理器的右侧包含 6 个按钮，分别是"新建""添加""修改""运行""移去"和"连编"。其作用分别如下。

（1）"新建"按钮用于在项目中新建一个选中类型的文件。

（2）"添加"按钮用于向项目中添加一个已存在的文件。

（3）"修改"按钮用于修改项目中选中的文件。

（4）"运行"按钮用于运行项目中选中的文件。

（5）"移去"按钮用于移去、删除项目中选中的文件。

（6）"连编"按钮用于对整个应用程序进行连编。

通过后面的学习，会在该项目中新建或添加表、数据库、表单、菜单，对它们进行修改、移去，最后通过编译运行，使得项目文件"图书管理系统"正常运行。

2.3　本章小结

通过对 Visual FoxPro 软件的介绍，了解该软件的基本运行环境和运行过程。

项目管理器是管理、组织应用程序开发过程中所有文件、数据、文档、对象的有效工具，它是 Visual FoxPro 开发工具的控制中心，它具有创建文件、修改文件、删除文件、浏览文件等功能，并可以对整个应用程序中的相关文件及对象进行测试，统一连编形成*.app 与*.exe 文件。

思考与练习

1．简述 VFP 软件的发展过程。
2．简述项目管理器在系统设计过程中所起的作用。

第3章

数据表的建立与操作

 本章主要内容

　　本章主要介绍数据表的概念、建立和操作，包括：什么是数据表，数据表的结构和记录；记录指针的定位；表结构的建立、修改；表的打开、关闭；表记录的录入；索引文件的建立、打开与使用；记录的查询与统计。

　　通过本章的学习，可以为图书管理系统创建所必需的数据表，并且建立索引。

 本章难点提示

　　本章难点如下：在掌握数据表的基本概念的基础上，正确理解数据表的结构和数据表记录的含义；在正确掌握数据表基本概念和结构后，能够熟练建立数据表，并且能够根据需要对表进行相应的操作。

在关系数据库中，以二维表的形式存放所有数据库应用系统需要的数据信息，每张二维表有唯一的名称，由不同名称的列和相同结构的数据行（记录）构成。在 VFP 中，二维表又称数据表，直接以文件形式存放在硬盘上的称为自由表，包含在数据库中统一进行存储的就称数据库表。数据表是建立数据库和进行程序设计的基础，各种数据库应用系统都具有具体的数据表，数据表是应用程序重要的数据资源。在第 1 章中，我们已经设计了"图书管理系统"的数据库表，本章主要以"图书管理系统"数据库中的书籍情况表为例，从建立表结构入手，逐步介绍数据表记录的输入、编辑与修改，以及数据表的索引、查找、统计等。

3.1　数据表的建立

VFP 的数据表分为两类：数据库表和自由表。数据库表是指包含在某个数据库中的表，而自由表则是独立于数据库而存在的表。表文件的扩展名为.dbf，如果表中有"备注型"字段或"通用型"字段，那么系统会自动生成一个同名的扩展名为.fpt 的文件。

3.1.1　设置默认路径

1．案例描述

设置当前工作默认目录为 D 盘"vfp"文件夹中的"数据"文件夹。

2．知识链接

为了使表文件数据能够自动存储到指定的位置，应该在建立表结构及其他操作前完成默认目录的设置，确保数据不会乱放或丢失。可以通过菜单及命令两种方式设置路径。

1）菜单方式

选择"工具"→"选项"选项，弹出"选项"对话框，选择"文件位置"选项卡，选中"默认目录"，单击"修改"按钮，进行默认目录的修改。

单击"选项"对话框右下角的"设置为默认值"按钮，使本次设置的默认目录长期有效；若只单击"确定"按钮，则设置的默认目录只在本次 VFP 环境中有效，一旦退出 VFP，默认目录设置即失效。

2）命令方式

```
SET DEFAULT TO [驱动器号] [<路径>]
```

说明：<路径>为指定位置路径，即当前工作目录。

3．案例实施

方法 1（菜单方式）：按上述菜单方式进行设置，结果如图 3-1 所示。

方法 2（命令方式）：在命令窗口中输入以下命令。

```
SET DEFAULT TO D:\vfp\数据
```

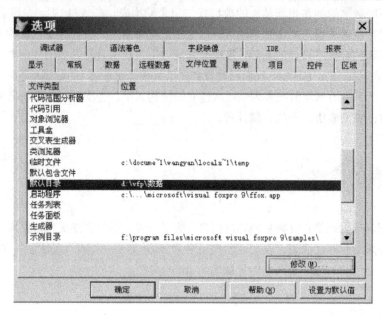

图 3-1　设置默认路径

3.1.2　建立表结构

1．案例描述

要求创建"图书管理系统"数据库的书籍情况表、读者情况表、借阅情况表及用户口令表。书籍情况表（表文件名为 book.dbf）如表 3-1 所示。

表 3-1　书籍情况表

字段名	类　型	宽　度	小数位
图书编号	字符型	10	
书名	字符型	40	
作者	字符型	20	
出版社	字符型	20	
出版日期	日期型	8	
类别	字符型	10	
册数	数值型	3	0
定价	数值型	6	2
备注	字符型	10	

2．知识链接

数据表由表结构和表记录两部分组成。在为数据表录入表记录前，必须先建立表结构。表结构的建立有多种方式。

1）菜单方式

文件→新建→表→新建文件→输入表名→保存（扩展名为.dbf）→表设计器（见图 3-2）→设置字段名、类型、宽度、小数位数、索引、是否支持空值。

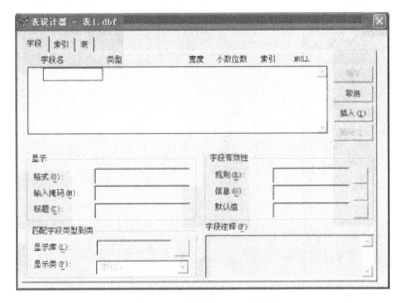

图 3-2　"表设计器"对话框

说明：

（1）字段名：由用户自定义。其名称应符合标识符的规范，可由字母、汉字、数字和下画线组成，不能以数字开头，长度不能超过 10 个字符。

（2）类型：根据所选字段选择合适的类型。常见的类型有以下几种。

字符型：用于显示的字段。

数值型：用于计算的字段（注意小数位数）。

日期型：用于表示日期的字段。

（3）宽度：以字节为单位。字符及二进制字段宽度最大为 254，数值型字段的宽度最大为 20。其他数据类型规定的字段宽度如表 3-2 所示。可参见 len()函数，使系统占用内存最小化。

（4）小数位数：只针对数值型字段。

2）命令方式

CREATE　　[<表文件名>/？]

说明：<表文件名>项中要输入表的名称。

表 3-2　系统规定的字段宽度

字段类型	逻辑型	日期型	备注型	通用型	二进制备注型	整型	日期时间型	双精度型	货币型	BLOB
固定宽度	1	8	4	4	4	4	8	8	8	4

3．案例实施

方法 1（菜单方式）：选择"文件"→"新建"选项，弹出"新建"对话框，如图 3-3 所示。选中"表"单选按钮，单击"新建"按钮，弹出"创建"对话框，如图 3-4 所示。选择路径并保存文件，弹出表设计器对话框，如图 3-5 所示。在表设计器对话框中输入已设计好的表结构。

图 3-3 "新建"对话框

图 3-4 "创建"对话框

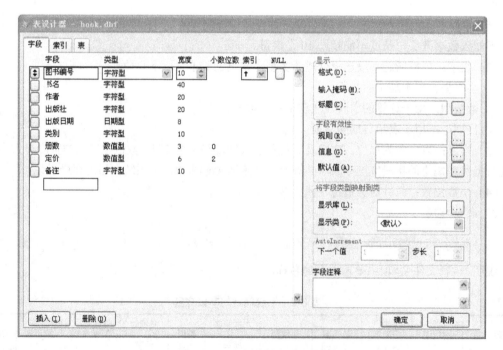

图 3-5 "表设计器"对话框

方法 2（命令方式）：建立"book.dbf"表结构的命令如下。

```
CREATE book
```

此时，会在当前文件夹中建立一个新的数据表文件。

3.1.3　复制表结构

1．案例描述

（1）用已存在的"book.dbf"创建"SG1"的表结构，"SG1"的表结构与"book.dbf"的结构一样。

（2）用已存在的"book.dbf"创建"SG2"的表结构，"SG2"的表结构只取"book.dbf"的图书编号、书名、作者 3 个字段。

2．知识链接

表结构的复制是指通过复制其他表来产生表结构，其命令如下。

```
COPY STRUCTURE TO <文件名> [FIELDS<字段名表>]
```

说明：[FIELDS<字段名表>]选项是指将要复制的字段名称，没有此项时会复制全部字段。

3．案例实施

（1）在命令窗口中输入以下命令（注意，一行命令输入完毕后要按 Enter 键）：

```
USE book
COPY STRUCTURE TO SG1
```

（2）在命令窗口中输入以下命令：

```
COPY STRUCTURE TO SG2 FIELDS 图书编号，书名，作者
```

3.1.4　显示表结构

1．案例描述

分页显示"book.dbf"的表结构。

2．知识链接

显示表结构，即显示表中每个字段的字段名、类型、宽度、小数位数、索引情况、排序情况、是否支持空值等信息。显示当前数据表的表结构有分页显示和连续滚动显示两种方式，分别借助于命令 DISPLAY 和 LIST，完整格式描述如下。

（1）分页显示：

```
DISPLAY STRUCTURE [IN <工作区号>/<别名>][NOCONSOLE]
                  [TO PRINTER [PROMPT]/TO FILE <文件名>]
```

（2）连续滚动显示：

```
LIST STRUCTURE [IN <工作区号>/<别名>][NOCONSOLE]
               [TO PRINTER [PROMPT]/TO FILE <文件名>]
```

3．案例实施

在命令窗口中输入以下命令：

```
USE book
DISPLAY STRUCTURE
```

显示结果如图 3-6 所示。总计的字节数为 128，比各字段宽度之和多 1 字节，多出的 1 字节用来存放删除标记"*"。如果支持空值，则总计的字节数为 129，还要再增加 1 字节，用来记录支持空值的状态。

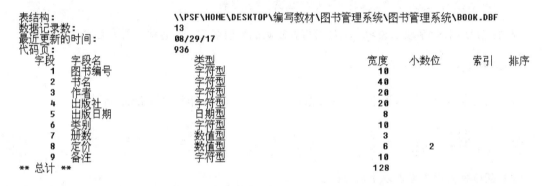

图 3-6　不支持空值的"book.dbf"的表结构

3.1.5　表结构的修改

表结构的修改内容主要包括增加或减少表的列，修改列的数据类型、字段名称、宽度、小数位数等。

1．案例描述

修改"book.dbf"的表结构。

2．知识链接

1）菜单方式

显示→表设计器→查看或修改当前表结构。注意，修改表结构前必须先打开表，否则无法打开表设计器。

2）命令方式

```
MODIFY STRUCTURE
```

此时会弹出"表设计器"对话框，在其中可实现表结构的修改。

3．案例实施

方法 1（菜单方式）：选择"显示"→"表设计器"选项，弹出"表设计器"对话框，修改"book.dbf"的表结构，显示结果如图 3-7 所示。

方法 2（命令方式）：MODIFY STRUCTURE→进入当前表设计器→修改表结构。

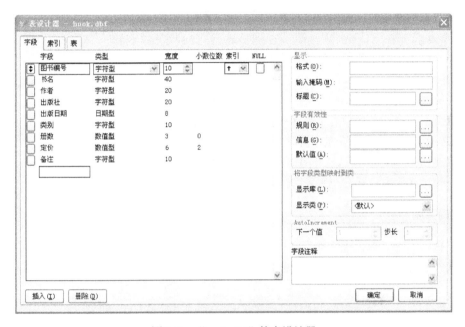

图 3-7　"book.dbf"的表设计器

3.2　数据表的编辑修改

数据表的编辑修改内容包括表的打开和关闭、表记录的录入、表记录的浏览、表记录的显示、表记录的定位、表记录的修改和表记录的删除。其中，删除包括逻辑删除和物理删除。

3.2.1　表的打开和关闭

1．案例描述

选择"数据工作期"选项打开"book.dbf"。

2．知识链接

表的打开是指将存放在外存中的表文件调入内存，在使用表文件前必须先打开它。表的打开有多种方式。

1）菜单方式 1

文件→打开→文件类型→选择"表（*.dbf）"→选择文件。

2）菜单方式 2

窗口→数据工作期→打开→选择文件。此方法可同时打开多个表文件。

3）命令方式

```
USE <表文件名>
```

在结束对表的操作后，应该及时将表关闭。表文件的关闭有多种方式。

1）菜单方式

窗口→数据工作期→关闭→将选中的表关闭。

2）命令方式

USE：使用不加表名的 USE 命令，关闭当前工作区中打开的表。

CLOSE TABLES：关闭所有工作区中已打开的表文件。

CLEAR ALL：清除内存变量，同时关闭所有工作区中已打开的表文件。

CLOSE ALL：关闭所有已打开的文件，包括表文件。

在同一个工作区中打开另一张表时，该工作区中原来打开的表将自动关闭。

3．案例实施

选择"窗口"→"数据工作期"选项，弹出"数据工作期"对话框，单击"Open"按钮，弹出"打开文件"对话框，选择要打开的文件。"数据工作期"对话框如图 3-8 所示。

图 3-8　"数据工作期"对话框

3.2.2　表记录的录入

1．案例描述

要求为"图书管理系统"数据库的书籍情况表"book.dbf"输入表记录，如图 3-9 所示。

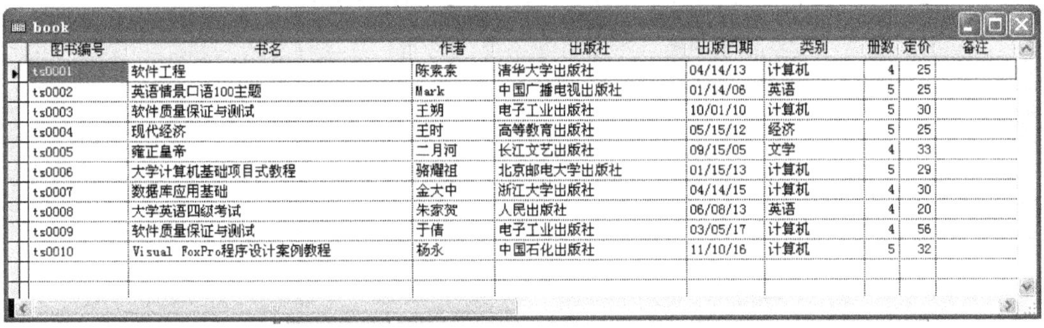

图 3-9　书籍情况表

2．知识链接

当确定表结构后，可以使用多种方式进行表记录的输入。

1）菜单方式

显示→浏览××表→显示→追加模式。

2）追加命令

APPEND [BLANK] [IN<工作区号>/<别名>]，在表末尾添加新记录。

3）插入命令

INSERT [BEFORE][BLANK]，在当前记录的前面插入一条新记录，无 BEFORE 选项时在当前记录的后面插入一条新记录。

3．案例实施

方法 1（菜单方式）：打开表文件，选择"显示"→"浏览"选项，再选择"显示"→"追加模式"选项，此时光标定位在表的末尾，且"追加模式"命令变为灰色（不可用状态），如图 3-10 所示。

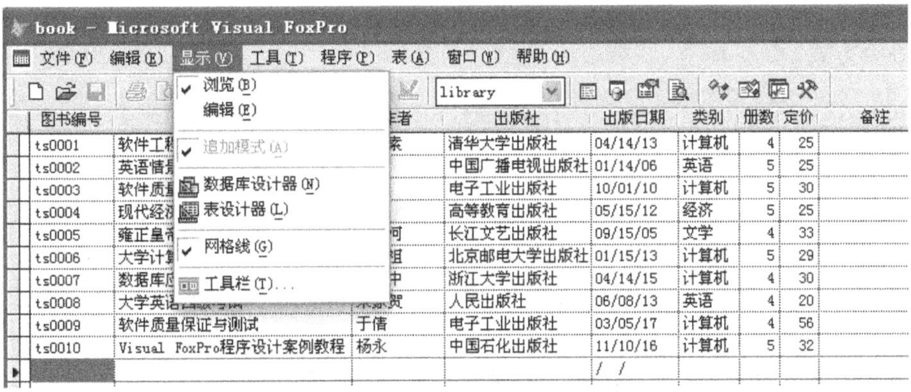

图 3-10　追加记录的编辑窗口

方法 2（命令方式）：

```
USE book      &&如果表已打开，则该命令可省略
APPEND        &&以全屏幕编辑方式逐条输入记录，追加记录的编辑窗口如图3-11所示
```

图 3-11　使用命令追加记录

3.2.3　表记录的浏览

1．案例描述

浏览"book.dbf"中类别为"计算机"的记录的书名、作者、出版日期字段，并设置浏览标题为"计算机类书目情况表"。

2．知识链接

1）菜单方式

显示→浏览××表→浏览窗口。在浏览窗口中既可以查看数据，又可以修改和添加数据。浏览窗口有"浏览"和"编辑"两种显示方式，可通过选择"显示"→"浏览"和"显示"→"编辑"选项来切换。

2）命令方式

```
BROWSE [FIELDS<字段名表>] [FOR<条件>] [LAST] [TITLE<标题文本>]
```

说明：

（1）通过 BROWSE 命令打开一个浏览窗口，可以显示、修改、删除和追加表中的记录。

（2）FIELDS<字段名表>指定了显示在浏览窗口中的字段。

（3）FOR<条件>指定了满足显示记录的条件，当<条件>为"真"时，表示将该记录显示在浏览窗口中。

（4）LAST 表示保留上次命令[FIELDS<字段名表>]的选择。

（5）TITLE<标题文本>指明了显示在浏览窗口标题栏中的表名。

3．案例实施

在命令窗口中输入以下命令：

```
USE book
BROWSE FIELDS 书名,作者,出版日期 FOR 类别="计算机" TITLE "计算机类书目情况表"
```

运行结果如图 3-12 所示。

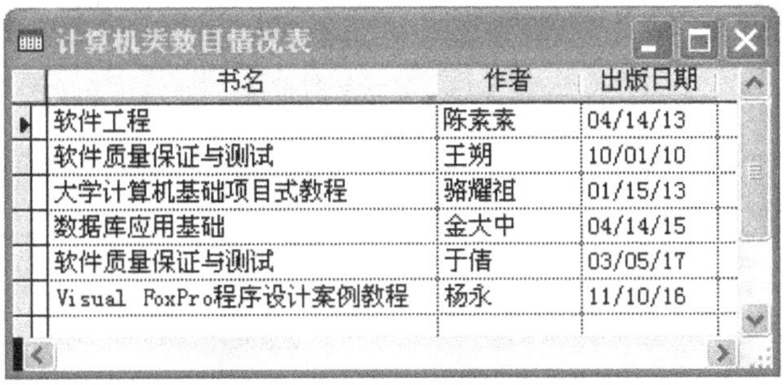

图 3-12　计算机类数目情况表

3.2.4　表记录的连续滚动显示

1．案例描述

使用 LIST 命令显示"book.dbf"的记录。

2．知识链接

如果表的记录有很多，无法在一个屏幕内显示出所有记录时，可以通过连续滚动命令显示记录，命令如下：

```
LIST [OFF] [<范围>] [FOR<条件>] [WHILE<条件>] [FIELDS<表达式表>] [TO PRINTER
[PROMPT]/TO<文件名>]] [NOOPTIMIZE]
```

说明：
（1）<范围>共有 4 种——ALL、NEXT、RECORD n、REST，不带任何选项时，LIST 的默认范围是所有记录，即 ALL。
（2）LIST OFF 表明不显示记录编号。

3．案例实施

在命令窗口中输入以下命令：

```
USE book
```

```
LIST            &&显示所有记录，结果如图3-13所示
LIST FIELDS 图书编号,书名,作者,YEAR(出版日期),定价+10    &&结果如图3-14所示
GO 1  &&将记录指针移动到第一条记录上
LIST NEXT 3 FIELDS 图书编号,书名,作者    &&结果如图3-15所示
```

记录号	图书编号	书名	作者	出版社	出版日期	类别	册数	定价	备注
1	ts0001	软件工程	陈素素	清华大学出版社	04/14/13	计算机	4	25	
2	ts0002	英语情景口语100主题	Mark	中国广播电视出版社	01/14/06	英语	5	25	
3	ts0003	软件质量保证与测试	王朔	电子工业出版社	10/01/10	计算机	5	30	
4	ts0004	现代经济	王时	高等教育出版社	05/15/12	经济	4	25	
5	ts0005	雍正皇帝	二月河	长江文艺出版社	09/15/05	文学	4	33	
6	ts0006	大学计算机基础项目式教程	骆耀祖	北京邮电大学出版社	01/15/13	计算机	5	29	
7	ts0007	数据库应用基础	金大中	浙江大学出版社	04/14/15	计算机	4	30	
8	ts0008	大学英语四级考试	朱家贺	人民出版社	06/08/13	英语	4	20	
9	ts0009	软件质量保证与测试	于倩	电子工业出版社	03/05/17	计算机	4	56	
10	ts0010	Visual FoxPro程序设计案例教程	杨永	中国石化出版社	11/10/16	计算机	5	32	

图 3-13　显示所有记录

记录号	图书编号	书名	作者	YEAR(出版日期)	定价+10
1	ts0001	软件工程	陈素素	2013	35
2	ts0002	英语情景口语100主题	Mark	2006	35
3	ts0003	软件质量保证与测试	王朔	2010	40
4	ts0004	现代经济	王时	2012	35
5	ts0005	雍正皇帝	二月河	2005	43
6	ts0006	大学计算机基础项目式教程	骆耀祖	2013	39
7	ts0007	数据库应用基础	金大中	2015	40
8	ts0008	大学英语四级考试	朱家贺	2013	30
9	ts0009	软件质量保证与测试	于倩	2017	66
10	ts0010	Visual FoxPro程序设计案例教程	杨永	2016	42

图 3-14　显示指定字段及表达式的值

记录号	图书编号	书名	作者
1	ts0001	软件工程	陈素素
2	ts0002	英语情景口语100主题	Mark
3	ts0003	软件质量保证与测试	王朔

图 3-15　显示指定范围、字段的记录

```
?RECNO()        &&测试指针的位置，结果是3
LIST FIELDS 图书编号,书名,作者,定价 FOR SUBSTR(作者,1,2)="    &&结果如图3-16所示
```

记录号	图书编号	书名	作者	定价
7	ts0007	数据库应用基础	金大中	30

图 3-16　显示满足条件指定字段的记录

```
GO 8    &&将记录指针移动到第8条记录上
LIST REST    &&显示第8条及后续的所有记录，结果如图3-17所示
```

记录号	图书编号	书名	作者	出版社	出版日期	类别	册数	定价	备注
8	ts0008	大学英语四级考试	朱家贺	人民出版社	06/08/13	英语	4	20	
9	ts0009	软件质量保证与测试	于倩	电子工业出版社	03/05/17	计算机	4	56	
10	ts0010	Visual FoxPro程序设计案例教程	杨永	中国石化出版社	11/10/16	计算机	5	32	

图 3-17　显示第 8 条及后续的所有记录

```
?EOF()      &&测试指针是否在文件尾，结果为.T.
```

3.2.5　表记录的分屏显示

1. 案例描述

分屏显示"book.dbf"的记录。

2. 知识链接

当表的记录有很多时，分屏显示命令可在显示记录满一屏后暂停，按任意键继续显示下一屏。分屏显示命令如下：

```
DISPLAY [OFF] [<范围>] [FOR<条件>] [WHILE<条件>] [FIELDS<表达式表>] [TO PRINTER
[PROMPT]/TO<文件名>]] [NOOPTIMIZE]
```

3. 案例实施

在命令窗口中输入以下命令：

```
USE book      &&刚打开的表，记录指针在第1条记录上
DISPLAY       &&结果如图3-18所示
```

记录号	图书编号	书名	作者	出版社	出版日期	类别	册数	定价	备注
1	ts0001	软件工程	陈素素	清华大学出版社	04/14/13	计算机	4	25	

图 3-18　显示当前记录

```
DISPLAY all for 类别="计算机" AND 出版日期>{^2013-01-01}    &&结果如图3-19所示
```

记录号	图书编号	书名	作者	出版社	出版日期	类别	册数	定价	备注
1	ts0001	软件工程	陈素素	清华大学出版社	04/14/13	计算机	4	25	
6	ts0006	大学计算机基础项目式教程	骆耀祖	北京邮电大学出版社	01/15/13	计算机	5	29	
7	ts0007	数据库应用基础	金大中	浙江大学出版社	04/14/13	计算机	4	30	
9	ts0009	软件质量保证与测试	于倩	电子工业出版社	03/05/17	计算机	4	56	
10	ts0010	Visual FoxPro程序设计案例教程	杨永	中国石化出版社	11/10/16	计算机	5	32	

图 3-19　显示 2013 年以后出版的计算机书籍记录

3.2.6　表记录的定位

1. 案例描述

实现文件记录指针的定位。

2. 知识链接

记录指针指向表的当前记录时会随着命令的执行而发生变化，也可根据需要人为地移动指针。

表记录指针定位的常用方法有 3 种：绝对定位、相对定位和查找定位。

（1）绝对定位：将表记录的指针移动到指定记录上。

```
GO/GOTO [RECORD] <记录号> [IN<工作号>/<别名>]
```

说明：RECORD <记录号>为记录的物理顺序。

```
GO/GOTO TOP/BOTTOM [IN<工作号>/<别名>]
```

说明：TOP 和 BOTTOM 指向表文件的第一条和最后一条记录。

（2）相对定位：将表记录的指针从当前记录位置向前或向后移动 N 条。

```
SKIP <±N> [IN<工作区号>/<别名>]
```

说明：

① +N 表示指针向文件尾部方向移动 N 条记录。

② −N 表示指针向文件头方向移动 N 条记录。

③ 不带<±N>相当于+1。

（3）查找定位：此处略。

3. 案例实施

在命令窗口中输入以下命令：

```
USE book
?RECNO(),BOF()        &&刚打开的表记录指针在第1条记录上
1        .F.
LIST                  &&显示所有记录
?RECNO(),EOF()        &&测试当前记录号和指针是否在文件尾
11       .T.
GO TOP                &&将指针移动到首记录上
?RECNO(),BOF()        &&测试当前记录号和指针是否在文件头
1        .F.
SKIP -1
?RECNO(),BOF()
1        .T.          &&记录指针到达文件头，记录号仍为首记录号1
GO BOTTOM             &&将指针移动到末记录
?RECNO(),EOF()
10       .F.          &&此时指针不在文件尾
SKIP
?RECNO(),EOF()        &&末记录的后面才是文件尾
11       .T.          &&TOP、BOTTOM与文件头、文件尾示意图如图3-20所示
```

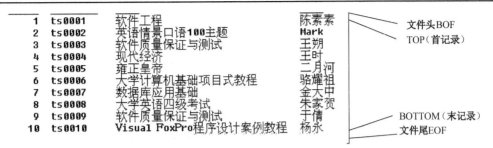

图 3-20　TOP、BOTTOM 与文件头、文件尾示意图

3.2.7　表记录的修改

1．案例描述

修改表记录指的是修改数据表中某些行或某些列的值。对"book.dbf"进行复制，生成一个副本"BK1.dbf"，将"BK1.dbf"的"册数"字段的数据改为原来的 5 倍，并将"软件工程"的定价改为 40。

2．知识链接

1）菜单方式

打开数据表→显示→浏览××表→进入表的浏览窗口→修改表中的所有记录。

2）命令方式

使用 REPLACE 命令成批修改多个字段的值。

```
REPLACE <字段名> WITH <表达式> [<范围>] [FOR<条件>] [WHILE<条件>][IN <工作区号>/<
别名>] [NOOPTIMIZE]
```

说明：

（1）<字段名>WITH<表达式>是指用<表达式>的值来代替<字段名>中的数据，可以同时修改多个字段。

（2）[<范围>][FOR<条件>][WHILE<条件>]的作用同 LIST 命令，不加[<范围>][FOR<条件>][WHILE<条件>]选项时，REPLACE 的默认范围是当前记录（NEXT 1）。

（3）[IN<工作区号>/<别名>]指定了表所在的工作区。如果省略此选项，则指当前工作区中的表。

3．案例实施

在命令窗口中输入以下命令：

```
USE book
COPY TO BK1                    &&原样复制book表到BK1中
USE BK1
REPLACE ALL 册数 WITH册数*5
```

```
LOCATE FOR 书名="软件工程"        &&查找书名为"软件工程"的记录
REPLACE 定价 WITH 40             &&修改"软件工程"的定价
LIST                            &&结果如图3-21所示
```

记录号	图书编号	书名	作者	出版社	出版日期	类别	册数	定价	备注
1	ts0001	软件工程	陈素素	清华大学出版社	04/14/13	计算机	20	40	
2	ts0002	英语情景口语100主题	Mark	中国广播电视出版社	01/14/06	英语	25	25	
3	ts0003	软件质量保证与测试	王朔	电子工业出版社	10/01/10	计算机	25	30	
4	ts0004	现代经济	王时	高等教育出版社	05/15/12	经济	25	25	
5	ts0005	雍正皇帝	二月河	长江文艺出版社	09/15/05	文学	20	33	
6	ts0006	大学计算机基础项目式教程	骆耀祖	北京邮电大学出版社	01/15/13	计算机	25	29	
7	ts0007	数据库应用基础	金大中	浙江大学出版社	04/14/15	计算机	20	30	
8	ts0008	大学英语四级考试	朱家贺	人民出版社	06/08/13	英语	20	20	
9	ts0009	软件质量保证与测试	于倩	电子工业出版社	03/05/17	计算机	20	56	
10	ts0010	Visual FoxPro程序设计案例教程	杨永	中国石化出版社	11/10/16	计算机	25	32	

图 3-21　修改后的结果

3.2.8　表记录的逻辑删除

所谓逻辑删除，就是给要删除的记录打上删除标记"*"，此时，被标记的记录并未从存储设备中真正删除，可以根据需要使有删除标记的记录参与或不参与数据的处理。

1. 案例描述

（1）使用菜单方式逻辑删除书名为"现代经济"的记录。

（2）使用命令方式逻辑删除出版日期在 2015 年之后的记录。

2. 知识链接

1）菜单方式

打开表文件→进入表的浏览窗口→单击删除框（要删除记录左边的小方框）→该框变成黑色表明记录已经删除。再次单击该小方框，若黑色消失，则取消逻辑删除，恢复为正常记录。

2）命令方式

```
DELETE[<范围>][FOR<条件>][WHILE<条件>][IN<工作区号>/<别名>][NOOPTIMIZE]
```

说明：

（1）逻辑删除的记录在使用 LIST 命令显示时记录号后有"*"标记。

（2）有删除标记的记录仍保留在表文件中。

（3）SET DELETED ON/OFF：设置逻辑删除的有效性，可以使逻辑删除的记录不参与或参与其他命令的处理。SET DELETED ON：表示逻辑删除标记有效，即有删除标记的记录不参与处理。SET DELETED OFF(默认值)表示逻辑删除标记无效，即有删除标记的记录参与处理。

（4）通过命令 RECALL[<范围>][FOR<条件>][WHILE<条件>][NOOPTIMIZE]可恢复删除，将指定记录的逻辑删除标记清除，即将逻辑删除的记录恢复为不删除状态。

3．案例实施

（1）在浏览窗口中单击删除框，使该框变成黑色，如图 3-22 所示，书名为"现代经济"的记录已被删除。若再次单击该小方框，黑色消失，则取消逻辑删除，恢复为正常记录。

（2）在命令窗口中输入以下命令：

```
USE book
COPY TO BK2                          &&产生book的副本文件BK2.dbf
USE BK2
DELETE FOR 出版日期<={^2015-01-01}   &&逻辑删除出版日期在2015年之后的记录
SET DELETED OFF        &&设置删除标记无效
LIST                   &&逻辑删除的记录在用LIST命令显示时记录号后有"*"标记
SET DELETED ON         &&设置删除标记有效
LIST                   &&带"*"标记的记录不显示
```

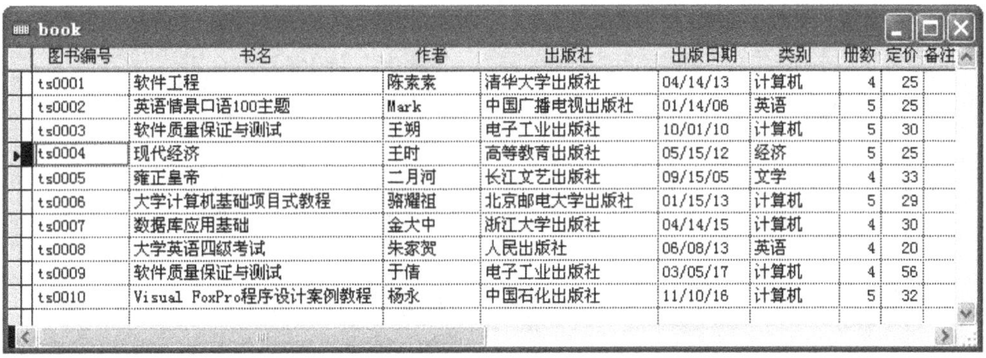

图书编号	书名	作者	出版社	出版日期	类别	册数	定价	备注
ts0001	软件工程	陈索索	清华大学出版社	04/14/13	计算机	4	25	
ts0002	英语情景口语100主题	Mark	中国广播电视出版社	01/14/06	英语	5	25	
ts0003	软件质量保证与测试	王朔	电子工业出版社	10/01/10	计算机	5	30	
ts0004	现代经济	王时	高等教育出版社	05/15/12	经济	5	25	
ts0005	雍正皇帝	二月河	长江文艺出版社	09/15/05	文学	4	33	
ts0006	大学计算机基础项目式教程	骆耀祖	北京邮电大学出版社	01/15/13	计算机	5	29	
ts0007	数据库应用基础	金大中	浙江大学出版社	04/14/15	计算机	4	30	
ts0008	大学英语四级考试	朱家贺	人民出版社	06/08/13	英语	4	20	
ts0009	软件质量保证与测试	于倩	电子工业出版社	03/05/17	计算机	4	58	
ts0010	Visual FoxPro程序设计案例教程	杨永	中国石化出版社	11/10/16	计算机	5	32	

图 3-22　逻辑删除"现代经济"记录

3.2.9　表记录的物理删除

物理删除就是将表中有删除标记的记录从存储设备中清除，不能再恢复。

1．案例描述

（1）使用菜单方式物理删除书名为"现代经济"的记录；

（2）使用命令方式物理删除图书编号为"ts0004"的记录。

（3）物理删除所有记录。

2．知识链接

1）菜单方式

表→彻底删除→系统弹出提示 "是否要移去已删除记录？"→单击"是"按钮→物理删除已有删除标记的记录。

2）命令方式 1

```
PACK
```

说明：永久删除当前表中有删除标记的记录。

3）命令方式 2

```
ZAP [IN<工作区号>/<别名>]
```

说明：物理删除所有记录，只留下表的结构。ZAP 命令的效果等价于 DELETE ALL 和 PACK 的联用效果，但 ZAP 命令执行速度更快。如果设置 SET SAFETY OFF，则系统无任何提示就将全部记录物理删除，否则在删除记录前系统会要求确认。

3．案例实施

（1）选择"表"→"彻底删除"选项，系统弹出提示"是否要移去已删除记录？"，单击"是"按钮，物理删除所有已有删除标记的记录，如图 3-23 所示。

（2）在命令窗口中输入以下命令：

```
USE book
COPY TO BK3                  &&产生book的副本文件BK3.dbf
USE BK3
DELETE FOR 图书编号="ts0004"  &&删除图书编号为"ts0004"的记录
PACK                         &&物理删除，PACK后的记录号重新编排
```

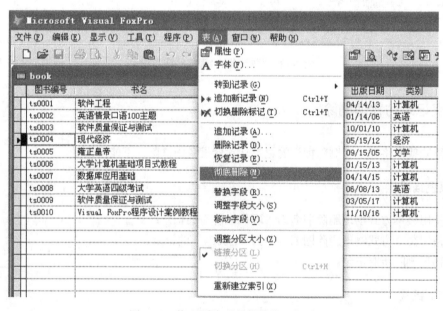

图 3-23　物理删除"现代经济"记录

（3）在命令窗口中输入以下命令：

```
USE BK3
SET SAFETY ON    &&设置安全开关为ON状态
ZAP   &&弹出确认对话框，如图3-24所示，若单击"是"按钮，则删除所有记录，只保留表结构
```

图 3-24　确认对话框

3.3　数据表的排序与索引

当创建完"book.dbf"文件并输入记录后，表记录间存在一种输入的自然顺序，也称物理顺序，系统按此顺序编排记录号。这种顺序一般无法满足实际工作的输出要求。另外，在有序的记录中查找数据速度要快得多，因此，为了更快地查找记录，也需要给记录重新编排顺序。Visual FoxPro 提供了排序与索引两种方式对记录重新排序。

3.3.1　排序

1．案例描述

对"book.dbf"的记录进行排序，按出版日期从小到大升序排列。

2．知识链接

排序是指根据指定字段重新排列表记录的先后顺序。排序后将生成一个新的表文件，表记录按照排序后的顺序重新编排记录号，而原文件保持不变。

例如，对当前表按<字段名 1><字段名 2>依次进行排序，并将排序后的记录存放到指定的文件中，其排序命令如下。

```
SORT TO <表文件名> ON <字段名1>[/A/D] [/C][,<字段名2>[/A/D][/C]…]
    [<范围>][FOR<条件>][WHILE<条件>]
    [FIELDS <字段名表>/LIKE<通配符>/ EXCEPT<通配符>][NOOPTIMIZE]
```

说明：
（1）<表文件名>：重新排序后记录存放的文件，系统自动为它指定扩展名.dbf。

（2）ON <字段名 1>：指定要排序的字段。第 1 个字段<字段名 1>是主排序字段，第 2 个字段<字段名 2>是次排序字段，以此类推，可实现多重排序。

（3）[/A/D]：指定排序的升序或降序。/A 为升序，/D 为降序，默认为升序。

（4）[/C]：如果在字符型字段名后包含/C，则排序忽略大小写。可以把/C 选项同/A 或/D 选项组合起来，如/AC 或/DC。

（5）[<范围>]：默认为所有记录。

（6）FIELDS LIKE<通配符>：在新表中包含哪些与字段<通配符>相匹配的原表字段。

（7）FIELDS EXCEPT<通配符>：在新表中包含哪些不与字段<通配符>相匹配的原表字段。若不带 FIELDS 选项，则取原表的全部字段。

（8）排序所需的磁盘空间可能是原表的 3 倍，因此要有足够的磁盘空间保存新表及在排序过程中创建的临时工作文件。

3．案例实施

在命令窗口中输入以下命令：

```
USE book
SORT ON 出版日期 TO  BK4    &&排序的结果文件为BK4
USE BK4                    &&查看文件前先打开文件
LIST                       &&按出版日期从小到大升序排列，部分结果如图3-25所示
```

```
USE book
SORT ON 定价，出版日期 TO BK5    &&先按定价再按出版日期双重排序
USE BK5
LIST           &&整体顺序按定价升序排列，定价相同时再按出版日期排序，如图3-26所示
```

记录号	图书编号	书名	作者	出版社	出版日期
1	ts0005	雍正皇帝	二月河	长江文艺出版社	09/15/05
2	ts0002	英语情景口语100主题	Mark	中国广播电视出版社	01/14/06
3	ts0003	软件质量保证与测试	王朔	电子工业出版社	10/01/10
4	ts0004	现代经济	王时	高等教育出版社	05/15/12
5	ts0006	大学计算机基础项目式教程	骆耀祖	北京邮电大学出版社	01/15/13
6	ts0001	软件工程	陈素素	清华大学出版社	04/14/13
7	ts0008	大学英语四级考试	朱家贺	人民出版社	06/08/13
8	ts0007	数据库应用基础	金大中	浙江大学出版社	04/14/15
9	ts0010	Visual FoxPro程序设计案例教程	杨永	中国石化出版社	11/10/16
10	ts0009	软件质量保证与测试	于倩	电子工业出版社	03/05/17

图 3-25　按出版日期升序排列的部分结果

记录号	图书编号	书名	作者	出版社	出版日期
1	ts0008	大学英语四级考试	朱家贺	人民出版社	06/08/13
2	ts0002	英语情景口语100主题	Mark	中国广播电视出版社	01/14/06
3	ts0004	现代经济	王时	高等教育出版社	05/15/12
4	ts0001	软件工程	陈素素	清华大学出版社	04/14/13
5	ts0006	大学计算机基础项目式教程	骆耀祖	北京邮电大学出版社	01/15/13
6	ts0003	软件质量保证与测试	王朔	电子工业出版社	10/01/10
7	ts0007	数据库应用基础	金大中	浙江大学出版社	04/14/15
8	ts0010	Visual FoxPro程序设计案例教程	杨永	中国石化出版社	11/10/16
9	ts0005	雍正皇帝	二月河	长江文艺出版社	09/15/05
10	ts0009	软件质量保证与测试	于倩	电子工业出版社	03/05/17

图 3-26　双重排序的结果

3.3.2　索引

1．案例描述

使用菜单方式建立索引。

2．知识链接

SORT 排序存在一些不足，排序结果是一张与原表一样大小的扩展名为.dbf 的新文件。排序执行速度慢，并占用很大的存储空间，实际使用时效率太低，因此 Visual FoxPro 引入了索引文件来更有效率地排列表记录的顺序。索引文件由索引关键字和记录指针两个字段组成，其中索引关键字已按照要求进行了升序或降序的排列；记录指针指向原表的物理地址。因为索引文件是按关键字进行的逻辑排序，且只有两个字段，因此大大提高了排序速度，且只占用了很小的存储空间。

索引文件分为两类：单项索引文件和复合索引文件。单项索引文件的扩展名为.idx，只含有一个索引表达式。单项索引文件又分为非压缩和压缩的单项索引文件，后者可节省磁盘空间，执行速度也较快。复合索引文件的扩展名为.cdx，包含多个索引顺序，每个索引顺序都有自己的索引标识（Tag）。复合索引文件可看作由多个压缩单索引文件打包在一个文件中，有结构复合索引文件和非结构复合索引文件两种。索引文件的分类如图 3-27 所示。

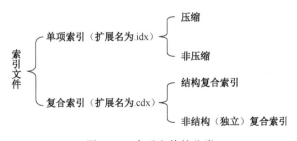

图 3-27　索引文件的分类

在自由表的索引"类型"栏中有 4 种索引类型：候选索引、主索引、普通索引和二进制索引。在实际操作中，应根据需要选择相应的索引类型，本章中的索引没有要求时可以选择普通索引或唯一索引。

3. 案例实施

打开表，选择"显示"→"表设计器"选项，进入"表设计器"对话框。在"字段"和"索引"选项卡中均可以创建索引标识。

（1）在"字段"选项卡中创建索引标识：在"字段"选项卡的"索引"栏中位置选择向上↑或向下↓的箭头建立升序或降序的索引，再选择"索引"选项卡，会看到建立了一个以该字段名作为标识的普通"索引"选项卡，如图 3-28 所示。

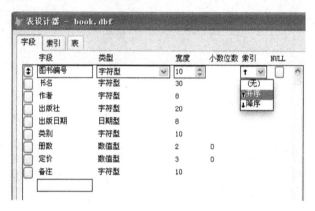

图 3-28   在"字段"选项卡中创建索引标识

（2）在"索引"选项卡中建立、修改和删除索引标识：选择"索引"选项卡，输入索引标识的名称，用鼠标拖曳最左边的双向箭头改变索引标识列出的顺序，在"类型"栏的下拉列表中选择索引类型，在"表达式"栏的文本框中输入索引表达式，在"筛选"栏中选择满足条件的记录进行索引，如图 3-29 所示。

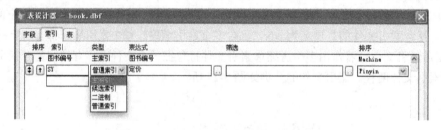

图 3-29   在"索引"选项卡中创建索引标识

3.3.3 单项索引

1. 案例描述

建立各项单项索引。

2．知识链接

建立单项索引文件，命令如下：

```
INDEX ON <索引表达式> TO <文件名> [UNIQUE][COMPACT][ADDITIVE]
```

说明：

（1）多重索引的索引表达式是通过字符型表达式实现的。如果是非字符型字段，则要用 STR()、DTOC()、DTOS() 等函数转换成字符型字段，并用"+"或"-"进行字符型字段的连接。

（2）[UNIQUE]：索引唯一性，当多条记录的索引表达式值相同时，只有第一条记录的值记入索引文件。

（3）[COMPACT]：建立压缩索引，若省略则表示不压缩。

（4）[ADDITIVE]：不关闭前面打开的索引文件，若省略则表示关闭除结构复合索引文件以外的所有之前打开的索引文件。

3．案例实施

在命令窗口中输入以下命令：

```
USE book
INDEX ON 图书编号 TO TSBH  &&生成按"图书编号"排序的单项索引文件TSBH.idx
INDEX ON 定价 TO DJ          &&生成按"定价"排序的单项索引文件DJ.idx
INDEX ON STR(册数)+DTOS(出版日期) TO BK6  &&生成多重索引文件
LIST   &&结果如图3-30所示
INDEX ON 100-定价 TO JXDJ  &&可建立按"定价"降序排列的索引文件
```

其中，多重索引表达式中的 STR（册数）将册数转换为字符型数据，DTOS（出版日期）按年、月、日的顺序将出版日期转换为字符型数据。这样，上面的表达式就是字符型数据的连加，并按字符型表达式的结构进行排序，"册数"是主索引关键字，"出版日期"是次索引关键字。

记录号	图书编号	书名	作者	出版社	出版日期	类别	册数	定价	备注
5	ts0005	雍正皇帝	二月河	长江文艺出版社	09/15/05	文学	4	33	
1	ts0001	软件工程	陈素素	清华大学出版社	04/14/13	计算机	4	25	
8	ts0008	大学英语四级考试	朱家贺	人民出版社	06/08/13	英语	4	20	
7	ts0007	数据库应用基础	金大中	浙江大学出版社	04/14/15	计算机	4	30	
9	ts0009	软件质量保证与测试	于倩	电子工业出版社	03/05/17	计算机	4	58	
2	ts0002	英语情景口语100主题	Mark	中国广播电视出版社	01/14/06	英语	5	25	
3	ts0003	软件质量保证与测试	王朔	电子工业出版社	10/01/10	计算机	5	30	
4	ts0004	现代经济	王时	高等教育出版社	05/15/12	经济	5	25	
6	ts0006	大学计算机基础项目式教程	骆耀祖	北京邮电大学出版社	01/15/13	计算机	5	29	
10	ts0010	Visual FoxPro程序设计案例教程	杨永	中国石化出版社	11/10/16	计算机	5	32	

图 3-30 双重排序的结果

使用一个比定价的所有值都大的数字减去定价的表达式来创建索引，即实现了定价的降序排列。

3.3.4　复合索引

1．案例描述

建立各项复合索引文件。

2．知识链接

复合索引文件包括结构复合索引文件和非结构复合索引文件。结构复合索引文件名与其表名相同，随表的打开自动打开，随表的关闭自动关闭。当表记录发生添加、修改、删除等操作时，系统会自动对该文件进行更新。非结构复合索引文件名与表名不同，不随表文件的打开而打开。非结构复合索引文件必须用命令打开，只有在该文件打开时，系统才能更新与维护该文件。

建议：表文件的索引一般选用结构复合索引文件的形式，如果是临时需要索引，则可选择单项索引文件。

建立复合索引文件的命令如下。根据<索引表达式>建立索引，并以<索引标识>为标识存入结构复合索引文件或存入 OF 后所指定的非结构复合索引文件中。

```
INDEX ON <索引表达式> TAG <索引标识> [OF<文件名>]
        [FOR<条件>][UNIQUE][ASCENDING/DESCENDING][ADDITIVE]
```

3．案例实施

在命令窗口中输入以下命令：

```
USE book EXCLUSIVE          &&建立结构复合索引文件必须以独占方式打开表文件
INDEX ON 书名 TAG  SM1      &&按"书名"创建索引标识SM1，并加到结构复合索引文件中
INDEX ON 书名 TAG SM2 OF FJG
&&按"书名"创建索引标识SM2，并加到非结构复合索引文件FJG.cdx中
INDEX ON 册数 DESCENDING  TAG  CSJX
&&按"册数"降序创建索引并以标识CSJX加到结构复合索引文件book.cdx中
```

3.3.5　索引文件的打开

1．案例描述

打开索引文件并观察记录指针及文件头尾情况。

2．知识链接

（1）打开表的同时打开索引文件，命令如下：

```
USE [<表文件名>/ ?] [INDEX <索引文件名表>/ ?]
```

（2）打开表文件后打开索引，命令如下：

```
SET INDEX TO [<索引文件名表>/?]
```

3．案例实施

在命令窗口中输入以下命令：

```
USE book INDEX DJ,TSBH,FJG   && DJ、TSBH、FJG 为建立的索引文件
LIST    &&以DJ.idx为主索引，如图3-31所示
GO TOP
?RECNO(),BOF()      (8    .F.)
SKIP -1
?RECNO(),BOF()      (8    .T.)
GO BOTTOM
?RECNO(),EOF()     (9  .F.)
SKIP
?RECNO(),EOF()     (11    .T.)
```

在打开索引文件后，记录指针按主索引文件的逻辑顺序移动。在文件尾部，即 EOF()=.T.处，记录号等于记录总数加 1；在文件头部，即 BOF()=.T.处，其记录号总与逻辑上的第一条记录的记录号相同。

记录号	图书编号	书名	作者	出版社	出版日期	类别	册数	定价	备注
8	ts0008	大学英语四级考试	朱家贺	人民出版社	06/08/13	英语	4	20	
1	ts0001	软件工程	陈素素	清华大学出版社	04/14/13	计算机	4	25	
2	ts0002	英语情景口语100主题	Mark	中国广播电视出版社	01/14/06	英语	5	25	
4	ts0004	现代经济	王时	高等教育出版社	05/15/12	经济	5	25	
6	ts0006	大学计算机基础项目式教程	骆耀祖	北京邮电大学出版社	01/15/13	计算机	5	29	
3	ts0003	软件质量保证与测试	王朔	电子工业出版社	10/01/10	计算机	5	30	
7	ts0007	数据库应用基础	金大中	浙江大学出版社	04/14/15	计算机	4	30	
10	ts0010	Visual FoxPro程序设计案例教程	杨永	中国石化出版社	11/10/16	计算机	5	32	
5	ts0005	雍正皇帝	二月河	长江文艺出版社	09/15/05	文学	4	33	
9	ts0009	软件质量保证与测试	于倩	电子工业出版社	03/05/17	计算机	4	56	

图 3-31　以"定价"的索引为主索引

3.3.6　主索引

1．案例描述

为"book.dbf"设置主索引。

2．知识链接

确定主索引文件或主控标识的命令如下：

```
SET ORDER TO [<索引序号>/<单项索引文件名>] / [TAG]<索引标识>  [OF<复合索引文件
```

名>][IN<工作区号>/<别名>] [ASCENDING/DESCENDING]

说明：

（1）[TAG]<索引标识>[OF<复合索引文件名>]：如果指定一个复合索引文件中的一个索引标识为主索引，则可以直接使用它的索引标识。如果在已打开的多个复合索引文件中存在同名的索引标识，则使用[OF<复合索引文件名>]选项，以指定包含主索引标识的复合索引文件。

（2）若要恢复原始物理顺序显示或处理数据，则可使用 SET ORDER TO 或 SET ORDER TO 0 命令。

3．案例实施

在命令窗口中输入以下命令：

```
USE book EXCLUSIVE        &&打开表的同时打开结构复合索引book.cdx
LIST                      &&没有指定主索引是以物理顺序显示的,如图3-32所示
SET INDEX TO DJ,BK6 , TSBH, FJG  &&打开多个索引文件
SET ORDER TO BK6          &&指定单项索引文件名BK6.idx为主索引
SET ORDER TO TSBH         &&将单项索引文件TSBH.idx作为新的主索引
SET ORDER TO TAG SM2      &&将复合结构索引文件FJG.cdx的SM2索引标识作为新的主索引
LIST                      &&结果如图3-33所示
SET ORDER TO              &&恢复自然顺序
```

记录号	图书编号	书名	作者	出版社	出版日期	类别	册数	定价	备注
1	ts0001	软件工程	陈素素	清华大学出版社	04/14/13	计算机	4	25	
2	ts0002	英语情景口语100主题	Mark	中国广播电视出版社	01/14/06	英语	5	25	
3	ts0003	软件质量保证与测试	王朔	电子工业出版社	10/01/10	计算机	5	30	
4	ts0004	现代经济	王时	高等教育出版社	05/15/12	经济	5	25	
5	ts0005	雍正皇帝	二月河	长江文艺出版社	09/15/05	文学	4	33	
6	ts0006	大学计算机基础项目式教程	骆耀祖	北京邮电大学出版社	01/15/13	计算机	5	29	
7	ts0007	数据库应用基础	金大中	浙江大学出版社	04/14/15	计算机	4	30	
8	ts0008	大学英语四级考试	朱家贺	人民出版社	06/08/13	英语	4	20	
9	ts0009	软件质量保证与测试	于倩	电子工业出版社	03/05/17	计算机	4	56	
10	ts0010	Visual FoxPro程序设计案例教程	杨永	中国石化出版社	11/10/16	计算机	5	32	

图 3-32　"book.dbf" 的物理顺序

记录号	图书编号	书名	作者	出版社	出版日期	类别	册数	定价	备注
10	ts0010	Visual FoxPro程序设计案例教程	杨永	中国石化出版社	11/10/16	计算机	5	32	
6	ts0006	大学计算机基础项目式教程	骆耀祖	北京邮电大学出版社	01/15/13	计算机	5	29	
8	ts0008	大学英语四级考试	朱家贺	人民出版社	06/08/13	英语	4	20	
1	ts0001	软件工程	陈素素	清华大学出版社	04/14/13	计算机	4	25	
3	ts0003	软件质量保证与测试	王朔	电子工业出版社	10/01/10	计算机	5	30	
9	ts0009	软件质量保证与测试	于倩	电子工业出版社	03/05/17	计算机	4	56	
7	ts0007	数据库应用基础	金大中	浙江大学出版社	04/14/15	计算机	4	30	
4	ts0004	现代经济	王时	高等教育出版社	05/15/12	经济	5	25	
2	ts0002	英语情景口语100主题	Mark	中国广播电视出版社	01/14/06	英语	5	25	
5	ts0005	雍正皇帝	二月河	长江文艺出版社	09/15/05	文学	4	33	

图 3-33　按 "书名" 创建的索引

3.3.7　顺序查找

1．案例描述

使用 LOCATE、CONTINUE 顺序查找"book.dbf"满足条件的一组记录。

2．知识链接

顺序查找：按表的排列顺序依次搜索满足条件的第一条记录。

```
LOCATE FOR<条件>[WHILE<条件>] [<范围>]
```

说明：

（1）[<范围>]默认是所有记录。

（2）若成功找到满足条件的记录，则函数 FOUND()的结果为.T.，函数 EOF()的结果为.F.。

继续查找：配合 LOCATE 命令在表的剩余部分寻找其他满足条件的记录。

```
CONTINUE
```

说明：

（1）CONTINUE 必须在 LOCATE 后使用。

（2）可多次执行 CONTINUE 命令，直到文件尾部。

（3）LOCATE 和 CONTINUE 只能用于当前工作区。

3．案例实施

在命令窗口中输入以下命令：

```
USE book
LOCATE FOR 定价=30      &&查找定价为30元的书
?FOUND()               &&测试是否找到，结果为真，即找到
.T.
DISPLAY                &&显示找到的第一条记录，如图3-34所示
```

记录号	图书编号	书名	作者	出版社	出版日期	类别	册数	定价	备注
3	ts0003	软件质量保证与测试	王朔	电子工业出版社	10/01/10	计算机	5	30	

图 3-34　显示第一条记录

```
CONTINUE      &&继续查找下一条记录
DISPLAY       &&显示下一条记录，如图3-35所示
```

记录号	图书编号	书名	作者	出版社	出版日期	类别	册数	定价	备注
7	ts0007	数据库应用基础	金大中	浙江大学出版社	04/14/15	计算机	4	30	

图 3-35　显示下一条记录

```
CONTINUE
? EOF()    &&结果为真，说明到了文件尾部，查找结束
.T.
```

3.3.8　索引查找

1．案例描述

使用 SEEK 命令进行索引查找，查找"book.dbf"满足条件的记录。

2．知识链接

索引查找是指利用索引文件将表记录排序后通过折半查找实现的，在已打开的索引文件中搜索索引关键字与指定表达式匹配的第一条记录。

```
SEEK <表达式> [ORDER <索引序号>/ <单项索引文件名>
/ [TAG] <索引标识> [OF <复合索引文件名>]
[ASCENDING /DESCENDING] [IN <工作区号>/<别名>]
```

说明：<表达式>可以是字符、数值、逻辑、日期等类型的表达式。

3．案例实施

在命令窗口中输入以下命令：

```
USE book
SET ORDER TO CSJX    &&设结构复合索引的册数索引标识为主控
SEEK 4               &&查找册数等于4的记录
DISPLAY              &&结果如图3-36所示
```

记录号	图书编号	书名	作者	出版社	出版日期	类别	册数	定价	备注
9	ts0009	软件质量保证与测试	于倩	电子工业出版社	03/05/17	计算机	4	58	

图 3-36　显示结果 1

```
SKIP       &&查找下一条册数为4的记录
DISPLAY    &&结果如图3-37所示
```

记录号	图书编号	书名	作者	出版社	出版日期	类别	册数	定价	备注
8	ts0008	大学英语四级考试	朱家贺	人民出版社	06/08/13	英语	4	20	

图 3-37　显示结果 2

3.4　数据表的统计

数据表的统计是指对表数据进行统计计算，主要包括计数命令、数值字段求和命令、求算术平均值命令、统计计算命令和分类求和命令。

3.4.1　计数命令

1．案例描述

本案例要求分别统计"book.dbf"中计算机及文学类别图书的记录数。

2．知识链接

功能：统计当前表中指定范围内满足条件的记录数，其命令如下：

```
COUNT TO <内存变量> [<范围>] [FOR<条件>] [WHILE<条件>]
```

说明：

（1）<内存变量>是必填项，用于指定存储结果的内存变量，若内存变量不存在，则系统会自动创建。

（2）其默认范围是 ALL。

（3）FOR<条件>与 WHILE<条件>子句：指定要满足的条件，同 LIST 命令。

3．案例实施

在命令窗口中输入以下命令：

```
USE book
COUNT TO ZS
COUNT FOR 类别="文学" TO WX
COUNT FOR 类别="计算机" TO JSJ
 ? "总记录数="+STR(ZS,2)，" 文学类记录数="+STR(WX,1),;
   " 计算机类记录数="+STR(JSJ,1)
   &&结果如图3-38所示
```

总记录数=10　文学类记录数=1　计算机类记录数=6

图 3-38　显示结果

3.4.2　数值字段求和命令

1．案例描述

统计所有图书的总数量。

2. 知识链接

功能：对当前的指定数值型字段或全部数值型字段进行纵向求和，其命令如下：

```
    SUM [<数值型表达式表>]  [<范围>] [FOR<条件>] [WHILE<条件>]
    [TO<内存变量名表>/ TO ARRAY<数组名>]
```

说明：

（1）[<数值型表达式表>]指定了求和的数值型字段或字段表达式，多个表达式之间用逗号分隔。若省略，则对所有数值型字段进行纵向求和。

（2）其默认范围是 ALL，其他选项同 COUNT。

3. 案例实施

在命令窗口中输入以下命令：

```
    SET TALK OFF                &&关闭对话开关，计算结果不马上显示
    USE book
    SUM 册数 TO TSZS
    ? "总图书数量="+STR(TSZS)    &&使用显示命令显示结果，如图3-39所示
    SET TALK ON                 &&打开对话开关，计算结果马上显示
```

总图书数量=　　　　45

图 3-39　显示结果

3.4.3　求算术平均值命令

1. 案例描述

求书籍定价的平均值。

2. 知识链接

功能：对当前表的指定数值型字段或全部数值型字段纵向求算术平均值，其命令如下：

```
    AVERAGE[<数值表达式表>][<范围>][FOR<条件>][WHILE<条件>]
    [TO<内存变量名表>/TO ARRAY<数组名>]
```

说明：AVERAGE 命令参数的含义同 SUM 命令。

3. 案例实施

在命令窗口中输入以下命令：

```
    USE book
    AVERAGE 定价 TO PRICE
    ? "图书均价="+STR(PRICE,5,2)    &&结果如图3-40所示
```

图书均价=30.50

图 3-40　显示结果

3.4.4　统计计算命令

1．案例描述

应用统计计算命令统计相关项目。

2．知识链接

功能：对当前表文件的字段做平均、总和、最大、最小等各种统计计算，其命令如下：

```
CALCULATE <表达式表>[<范围>][FOR<条件>][WHILE<条件>]
[TO<内存变量名表>/TO ARRAY<数组名>]
```

说明：

（1）<表达式表>可由函数任意组合而成，以下是一些常用函数。

AVG(<数值表达式>)：计算<数值表达式>的算术平均值。

SUM(<数值表达式>)：计算<数值表达式>的和。

CNT()：返回满足<条件>的记录数。

MIN(<表达式>)：返回<表达式>的最小值。

MAX(<表达式>)：返回<表达式>的最大值。

（2）其他各参数的含义同 SUM 命令。

3．案例实施

在命令窗口中输入以下命令：

```
SET TALK ON
USE book
CALCULATE AVG(定价),MIN(定价),MAX(定价),SUM(册数)
&&结果如图3-41所示
```

AVG(定价)	MIN(定价)	MAX(定价)	SUM(册数)
30.50	20	56	45.00

图 3-41　显示结果

3.4.5　分类求和命令

1．案例描述

按图书类别分类求和。

2．知识链接

功能：对当前表按指定字段分类并计算指定数值型字段的分类和，结果存放在新建的表文件中。

在使用该命令前需要对分类字段建立索引，其命令如下：

```
TOTAL ON <字段名> TO <文件名> [FIELDS<字段名表>]
     [<范围>][FOR<条件>][WHILE<条件>]
```

说明：

（1）ON <字段名>：指定分类的字段。

（2）TO <文件名>：存放分类和的表文件，该表的结构与原表相同。

（3）[FIELDS<字段名表>]：指定需要求和的字段，列表中的字段名用逗号分隔，若省略，则默认对所有的数值型字段进行分类求和。

（4）[<范围>][FOR<条件>][WHILE<条件>]：其作用同 SUM 命令。

3．案例实施

在命令窗口中输入以下命令：

```
USE book
INDEX ON 类别 TO LB
TOTAL ON 类别 FIELDS 册数 TO CSQH    &&根据类别对册数进行分类求和
USE CSQH
LIST OFF    &&结果如图3-42所示
```

图书编号	书名	作者	出版社	出版日期	类别	册数	定价	备注
ts0001	软件工程	陈素素	清华大学出版社	04/14/13	计算机	27	25	
ts0004	现代经济	王时	高等教育出版社	05/15/12	经济	5	25	
ts0005	雍正皇帝	二月河	长江文艺出版社	09/15/05	文学	4	33	
ts0002	英语情景口语100主题	Mark	中国广播电视出版社	01/14/06	英语	9	25	

图 3-42　按图书类别求各类图书册数的总和

3.5 本章小结

3.5.1 知识小结

表文件由结构和记录两部分组成。表结构的建立和维护的主要工具是表设计器。表记录的编辑主要是利用浏览窗口实现的。记录指针是一个重要的概念，应掌握记录指针的绝对定位、相对定位和查找定位。索引是表处理的一个重要概念，分为单项索引文件、结构复合索引文件和非结构复合索引文件。应掌握索引文件的建立、打开与使用，注意表使用时的物理顺序和逻辑顺序。表的查询操作有顺序查找和索引查找两种方式。应熟练掌握表的统计计算类命令。

3.5.2 操作小结

1．表结构的建立

方法 1（菜单方式）：文件→新建。

方法 2（命令方式）：CREATE [<表文件名>]，在当前文件中建立一个新数据表文件。

方法 3（命令方式）：COPY STRUCTURE TO <文件名> [FIELDS<字段名表>]，通过复制建立表结构。

2．设置默认目录

方法 1：（菜单方式）：工具→选项→文件位置→默认目录，单击"修改"按钮。

方法 2：（命令方式）：SET DEFAULT TO [<驱动器号>][<路径>]。

1）修改表结构

方法 1（菜单方式）：显示→表设计器。

方法 2（命令方式）：MODIFY STRUCTURE。

2）表的打开

方法 1（菜单方式）：文件→打开。

方法 2（菜单方式）：窗口→数据工作期→打开。

方法 3（命令方式）：USE <表文件名>，在当前工作区打开指定的表文件。

3）表的关闭

方法 1（菜单方式）：窗口→数据工作期→关闭。

方法 2（命令方式）：USE

CLOSE TABLES

CLEAR ALL

CLOSE ALL

4）表记录的录入

方法 1（菜单方式）：显示→浏览××表→显示→追加方式。

方法 2（命令方式）：APPEND [BLANK] [IN <工作区号>/<别名>]。

方法 3（命令方式）：INSERT [BEFORE][BLANK]。

5）索引的建立

（1）建立单项索引文件：INDEX ON <索引表达式> TO <文件名>。

（2）建立复合索引文件：INDEX ON <索引表达式> TAG <索引标识>[OF <文件名>][FOR<条件>]。

6）索引文件的打开

（1）与表同时打开：USE [<表文件名>] [INDEX <索引文件名表>。

（2）打开表文件后打开：SET INDEX TO [<索引文件名表>]。

7）主索引的设置

重新确定主索引文件：SET ORDER TO [<索引序号>/<单项索引文件>/ [TAG]<索引标识>[OF<复合索引名>]。

8）记录查询

（1）顺序查找：LOCATE、CONTINUE。

（2）索引查找：SEEK，前提是按指定字段创建索引。

9）统计

（1）计数：COUNT TO <内存变量> [<范围>][FOR <条件>][WHILE <条件>]。

（2）数值字段求和：SUM [<数值型表达式表>][<范围>][FOR <条件>] [WHILE <条件>/TO <内存变量名表>][TO ARRAY <数组名>]。

（3）求算术平均值：AVERAGE。

（4）分类求和：TOTAL ON <字段名> TO <文件名> [FIELDS <字段名表>][<范围>][FOR <条件>] [WHILE <条件>]。

思考与练习

1．简述排序和索引的区别与联系。

2．简述索引文件的分类及各类索引文件的特点。

3．说明什么是顺序查找和索引查找？你认为两者哪个更优？

4．SUM 命令与 REPLACE 命令有什么不同？

5．在对表进行分类汇总前必须对分类字段做什么操作？

6．利用表设计器建立职工数据表文件的结构，具体结构要求（即各个字段的字段名、宽度、类型等）如表 3-3 所示。根据所学的知识，给职工数据表文件输入相关记录，查看和修改结构，显示表结构及字段总长度。

表 3-3　职工数据表文件的结构

字段名	类　型	宽　度	小数位
职工号	字符型	6	
姓名	字符型	8	
性别	字符型	2	
婚否	逻辑型	1	
出生日期	日期型	8	
基本工资	数值型	8	
部门	字符型	4	
部门	备注型	4	
照片	通用型	4	

7．在第 6 题的基础上建立排序文件。

（1）单字段排序：将职工数据表按照出生日期的升序排列显示。

（2）多字段排序：将职工数据表按性别排序，性别相同的情况下再按基本工资升序排列。

8．在第 6 题的基础上建立单项及复合索引文件

（1）建立单项索引文件，按职工数据表的"基本工资"字段的逻辑顺序排列。

（2）建立结构复合索引文件的索引标识，按出生日期降序索引。

（3）建立非结构复合索引文件的索引标识，按基本工资、出生日期升序索引。

（4）用一条命令打开所有的索引文件，并确定主索引文件或标识，在屏幕上显示索引结果。

（5）建立一个单项索引文件，使其按照基本工资降序排列。

第 4 章

数据库的建立与操作

本章主要内容

本章主要介绍数据库与自由表的概念，包括数据库的建立、打开、修改、添加表、删除表、关闭等命令；工作区的概念及其区号、别名的定义和使用方法，多表的联访，临时关联的建立，数据库参照完整性的概念与编辑。

通过本章的学习，可以为图书管理系统建立"LIBRARY"数据库，存储数据表 BOOK、READER、BORROW 和 PASSWORDINFO，并且建立表之间的关联。

本章难点提示

本章的难点如下：掌握数据库的基本操作，正确理解数据库表与自由表的区别及转换；正确理解工作区的概念与使用方法，正确掌握临时关联的建立与作用，掌握多工作区的使用方法。

数据库实质上是存储所有表、数据、视图及表间关系的容器，相关的所有数据库对象都存放在数据库中。VFP 数据库提供了以下功能：存储相关的表、在表间建立联系、设置属性和数据有效性规则、使用相关的表协同工作等。

4.1　数据库的建立

4.1.1　案例描述

图书管理系统数据库如图 4-1 所示。

图 4-1　图书管理系统数据库

4.1.2　知识链接

数据库是一个容器，用于存储表、视图等数据库对象。数据库文件的扩展名为.dbc，相关的数据库备注文件扩展名为.dct，相关的索引文件扩展名为.dcx。在创建数据库对象前，必须先创建一个数据库文件。

创建数据库有多种方式，下面主要介绍交互方式和命令方式两种。

1. 交互方式创建数据库

在 VFP 中，使用交互方式创建数据库有以下两种途径。

（1）通过菜单来实现。

菜单实现步骤：文件→新建→数据库→新建→输入数据库名→确定。

（2）通过项目管理器来实现。

项目管理器实现步骤：项目管理器→数据选项卡→数据库→新建。

2. 命令方式创建数据库

格式：

```
CREATE DATABASE [数据库名/?]
```

4.1.3　案例实施

1．通过菜单建立数据库

（1）打开 VFP 9.0，选择"文件"→"新建"选项，弹出"新建"对话框，选中"数据库"单选按钮，单击"新建"按钮，如图 4-2 所示。

图 4-2　"新建"对话框

（2）弹出"创建"对话框，选择数据库文件的保存路径，输入数据库名为"图书管理系统数据库"，单击"保存"按钮，如图 4-3 所示。

图 4-3　"创建"对话框

（3）打开"数据库设计器"窗口，如图4-4所示，新建的数据库处于打开状态，数据库设计器可通过右击工具栏，在弹出的快捷菜单中选择"数据库设计器"选项来打开。

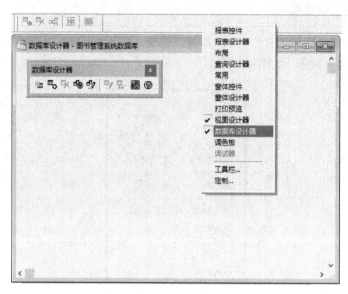

图4-4 "数据库设计器"窗口

2. 通过项目管理器建立数据库

（1）打开 VFP 9.0，选择"文件"→"新建"选项，弹出"新建"对话框，选中"项目"单选按钮；如果已经建立项目文件，则可选择"文件"→"打开"选项，弹出"打开"对话框，选择"图书管理系统.pjx"文件，单击"确定"按钮，如图4-5所示。

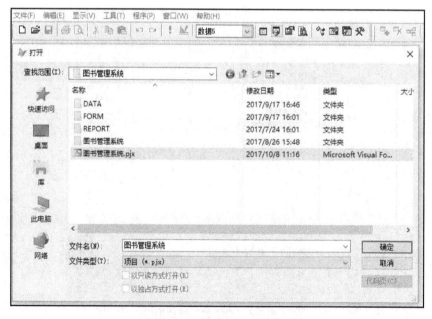

图4-5 "打开"对话框

（2）在"项目管理器"对话框中，选择"数据"选项卡，选择"数据库"选择，再单击"新建"按钮，如图 4-6 所示。

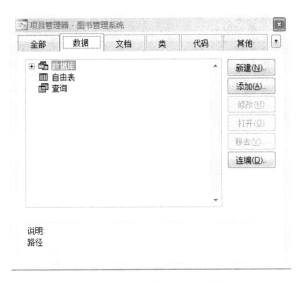

图 4-6　"项目管理器"对话框

（3）弹出"新建数据库"对话框，单击"新建数据库"按钮，如图 4-7 所示，后续操作和菜单操作方式一样。唯一不同的是项目管理器建立的数据库会自动加入项目管理器，菜单建立的数据库需要打开项目管理器，使用"添加"命令加入。

（4）项目管理器中数据库的添加与移去。

单击"添加"按钮，如图 4-8 所示，选择需要添加的数据库，单击"确定"按钮；选择需要移去的数据库，单击"移去"按钮，弹出提示对话框，单击"移去"按钮，如果要从磁盘中删除该数据库，则单击"删除"按钮，如图 4-9 所示。

图 4-7　"新建数据库"对话框

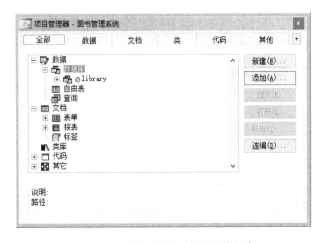

图 4-8　在项目管理器中添加数据库

图 4-9   在项目管理器中移去数据库

3．通过命令方式建立数据库

在命令窗口中输入以下命令：

```
CREATE DATABASE  LIBRARY
```

4.2   数据库表和自由表的相互转换

4.2.1   案例描述

实现数据库表与自由表的相互转换。

4.2.2   知识链接

在 VFP 中，表可以分为两种类型：属于数据库的表称为数据库表，独立存在、不与任何数据库相关的表称为自由表。

数据库表与自由表可以相互转换，数据库表拥有许多自由表所没有的特性，如长文件名、长字段名、有效性规则等。

在一个已经打开的数据库中，可以创建表或向数据库中添加已存在的表，这样该表就变成了数据库表，同时具备了数据库表的各种属性。一个表只能属于一个数据库，如果需要将一个属于其他数据库的表添加到当前数据库中，就必须先将该表从原来的数据库中移出。

4.2.3 案例实施

1. 自由表转换成数据库表

1）交互方式 1

在数据库设计器中，单击"添加表"按钮，如图 4-10 所示，或右击，在弹出的快捷菜单中选择"添加表"选项，弹出"选择表名"对话框，选择"自由表"即可。

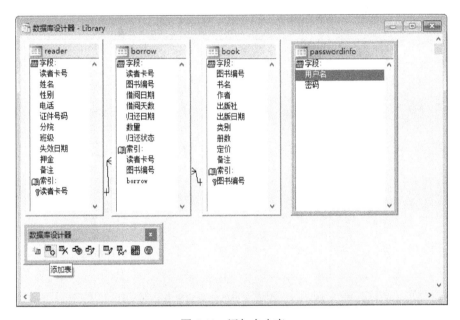

图 4-10 添加自由表

2）交互方式 2

在项目管理器中，打开数据库，选择"表"选项，单击"添加"按钮，弹出选择表名对话框，选择需要添加的自由表，如图 4-11 所示。

3）命令方式

格式：

```
ADD TABLE 表名 / ? [长表名]
```

功能：将自由表添加到数据库中，如图 4-12 所示。

说明：

① "表名"：指定要添加到数据库中表的名称。

② "?"：弹出"打开"对话框，选择或输入要添加到数据库中的表。

③ [长表名]: 指定表的长表名，最多 128 个字符，可以取代短表名。

图 4-11　在项目管理器中添加自由表

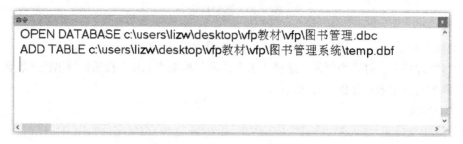

图 4-12　使用命令方式添加自由表

2．数据库表转换成自由表

数据库表转换成自由表有以下两种方式。

1）交互方式 1

在数据库设计器中，单击"移除表"按钮，如图 4-13 所示，或者右击，在弹出的快捷菜单中选择"删除"选项。

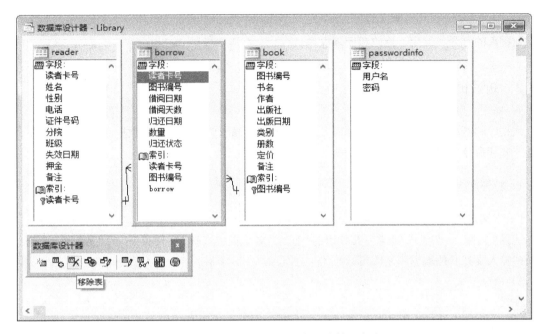

图 4-13　在数据库设计器中移除数据库表

2）交互方式 2

在项目管理器中，打开数据库，选择相应的要移除的表，单击"移去"按钮，在弹出的对话框中单击"移去"按钮，如图 4-14 所示。

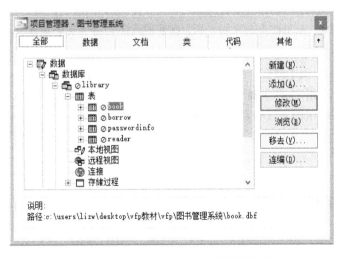

图 4-14　在项目管理器中移除数据库表

4.3　数据库的基本操作

4.3.1　案例描述

数据库的打开、关闭、修改和删除操作。

4.3.2　知识链接

数据库的基本操作包括打开数据库、关闭数据库、修改数据库和删除数据库等，这里主要介绍交互方式和命令方式。

1．打开数据库

1）交互方式

选择"文件"→"打开"选项，在弹出的"打开"对话框中选择"文件类型"为"数据库（*.dbc）"，选择或输入要打开的数据库名即可。

2）命令方式

格式：

```
OPEN DATABASE [文件名/ ?] [EXCLUSIVE/SHARED] [NOUPDATE] [VALIDATE]
```

功能：打开已指定的数据库。

说明：

① [文件名]：指定要打开的数据库的名称。

② [?]：弹出"打开"对话框，选择或输入要打开的数据库名。

③ [EXCLUSIVE/SHARED]：表示数据库以独占/只读的方式打开。打开方式决定了其他用户是否可以访问该数据库，如果两者都没有选取，则数据库的打开方式由命令 SET EXCLUSIVE 的设置决定，默认为独占方式。

④ [NOUPDATE]：表示被打开的数据库只能读取，不能修改。

⑤ [VALIDATE]：指定 VFP 确保数据库中的引用有效。VFP 将检查磁盘的数据库中的表和索引是否可用，以及被引用的字段和索引标识是否存在于表和索引中。

2．关闭数据库

1）交互方式

VFP 并未提供直接关闭数据库的菜单操作，当退出 VFP 时，数据库自动关闭。

2）命令方式

格式 1：

```
CLOSE DATABASE [ALL]
```

格式 2：

```
CLOSE ALL
```

功能：关闭已打开的数据库。

说明：

① 不带选项时，关闭当前数据库和表。

② [ALL]表示关闭所有打开的数据库和数据库表、自由表及索引文件等。

3．修改数据库

1）交互方式

修改数据库的操作与打开数据库的操作相同，打开后进入数据库设计器，进行交互式修改。

2）命令方式

格式：

```
MODIFY  DATABASE [数据库名/?] [NOWAIT] [NOEDIT]
```

功能：修改已指定的数据库。

说明：

① [数据库名]：指定要修改的数据库名称。

② [?]：弹出"打开"对话框，选择或输入要修改的数据库名。

③ [NOWAIT]：指定在进入数据库设计器后程序继续执行，不必等待数据库设计器关闭。该选项仅在程序中使用时才有效。

④ [NOEDIT]：指定禁止修改数据库。

4．删除数据库

1）交互方式

VFP 并未提供删除数据库的菜单操作，如果需要删除数据库，则可在操作系统的资源管理器中直接删除数据库文件。删除时需要注意：如果希望删除数据库的同时删除其包含的表，则同时删除相应表文件即可；如果希望删除数据库而保留数据库中的表，则需要先将这些表从数据库中移出，再删除数据库。

2）命令方式

格式：

```
DELETE  DATABASE [数据库名/?] [DELETE  TABLES]
```

功能：删除已指定的数据库。

说明：

① [数据库名]：指定要从磁盘中删除的数据库名称。

② [?]：弹出"打开"对话框，选择或输入要删除的数据库名。

③ [DELETE TABLES]：在删除数据库的同时，一并删除包含在数据库中的表。

5. 设置当前数据库

1）交互方式

当有多个数据库打开时，只有一个数据库可以作为当前数据库。在 VFP 的常用工具栏的下拉列表中列出了已打开的数据库名称，可以选择其中的某个数据库作为当前数据库。

2）命令方式

格式：

```
SET  DATABASE  TO  [数据库名]
```

功能：设置一个打开的数据库为当前数据库或非当前数据库。

4.3.3　案例实施

下面以命令的方式打开数据库，设置当前数据库，关闭数据库，数据库的基本操作如图 4-15 所示。

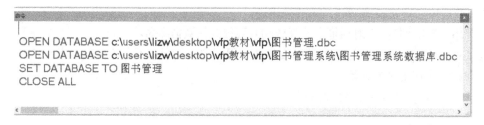

图 4-15　数据库的基本操作

4.4　多表操作

4.4.1　案例描述

通过多工作区实现多表操作。

4.4.2　知识链接

工作区是 VFP 在内存中开辟的临时区域，在一个工作区中，用户可以打开一张表及其备注、索引等，而在不同的工作区中可以打开多张表，并且可以利用多种方法访问不同工作区中的表。

1. 工作区编号

每个工作区都有一个编号，它可以标识一个工作区，也可以标识在该工作区中打开的表。VFP

中最多允许使用 32767 个工作区，可以用 1、2、3、…、32767 来标识。

2. 当前工作区

在 VFP 中，有 32767 个工作区同时存在，每个工作区中都可能存在一张表，但在同一时刻，用户只能对一个工作区中的表文件进行读写操作，而对其他工作区中的表只能进行有限访问。当前存在操作的工作区称为当前工作区，而在当前工作区打开的表文件称为当前表文件。当前工作区是可变的，用户可以根据需要选择任意一个工作区作为当前工作区。当 VFP 启动时，系统自动选择 1 号工作区作为当前工作区。

3. 工作区的别名

除工作区的固定编号外，系统还为每个工作区规定了一个固定的别名，称为系统别名。1、2、3、…、10 号工作区的系统别名分别为 A、B、C、…、J，11、12、…、32767 号工作区的系统别名分别为 W11、W12、…、W32767。

用户在某个工作区中打开一个表文件的同时，也可以为工作区定义一个别名，称为用户别名。默认的用户别名是表名。用户自定义别名可使用以下命令：

格式：

```
USE <表文件名> [ALIAS <别名>][NOUPDATE]
```

4. 选择工作区

格式：

```
SELECT <工作区编号>/<工作区别名>
```

5. 工作区之间的联访

所谓工作区之间的联访，是指在当前工作区访问非当前工作区中表内容（表字段中的数据）的一种联系形式。工作区之间的联访是通过工作区的别名实现的。

格式 1：

```
<工作区别名>.<字段名>
```

格式 2：

```
<工作区别名>-><字段名>
```

例如，当打开 reader 表的 reader 工作区为非当前工作区时，访问其中的"班级"字段的方法如下。

```
reader.姓名 或者 reader->姓名
```

6. 浏览工作区

在 VFP 中，如果想了解系统中工作区的使用情况，有两种方法：一种是选择"窗口"→"数据工作期"选项；另一种是在命令窗口中使用 SET 命令。此时，系统会弹出"数据工作期"对话框。在"数据工作期"对话框中，左侧显示了系统中已被使用的工作区别名，其中特殊显示的工作区为当前工作区。

7. 工作区的使用规则

VFP 工作区的使用规则如下。

① 一个工作区同时只能打开一个表文件。当在同一个工作区中打开第二个表文件时，第一个表文件将被关闭。

② 当前工作区只有一个，修改字段值、移动表指针等操作只能对当前表进行，而对非当前工作区的表只能进行只读访问。

③ 每个工作区中的表文件都有独立的记录指针，如果工作区之间没有建立关联，则对当前工作区中的表文件进行的操作不会影响其他工作区的指针。

④ 一个表文件可以在多个工作区中打开，命令如下：

```
USE <表文件名> [AGAIN]
```

⑤ 可由系统指定当前可用的最小号工作区，命令如下：

格式 1：

```
SELECT 0
```

格式 2：

```
USE <表文件名> IN 0
```

4.4.3 案例实施

在案例实施前，首先打开数据工作期。选择"窗口"→"数据工作期"选项或在命令窗口中输入"SET"命令，弹出"数据工作期"对话框，如图 4-16 所示。

（1）打开 book 表，并为其指定别名为 Mybook，如图 4-17 所示。默认的用户别名是表名。

此时不指定具体工作区，即在当前工作区中打开 book 表。当 VFP 启动时，系统自动选择 1 号工作区作为当前工作区。

（2）使用 SELECT 命令选择工作区，打开表 book.dbf、reader.dbf、borrow.dbf，如图 4-18 所示。

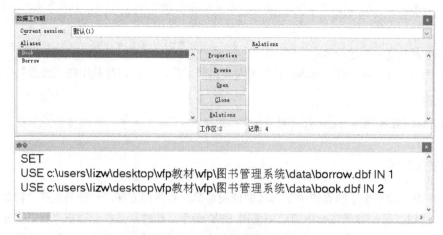

图 4-16　"数据工作期"对话框

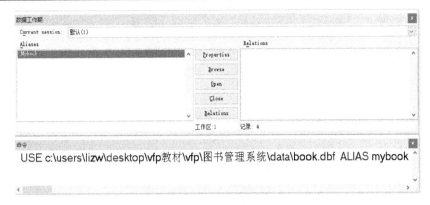

图 4-17　打开 book 表并指定别名

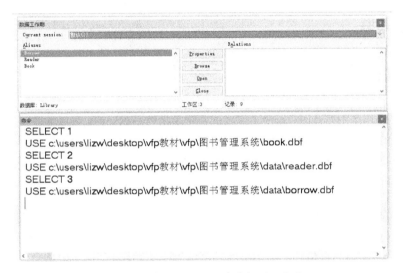

图 4-18　使用 SELECT 命令打开 3 张表

（3）使用 IN 命令选择工作区，如图 4-19 所示。

图 4-19　使用 IN 命令打开 3 张表

（4）工作区联访，在当前工作区 book 中访问 reader 的内容，如图 4-20 所示。

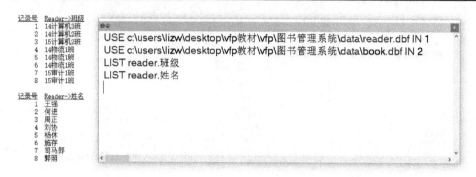

图 4-20   工作区联访

4.5   临时关联

4.5.1   案例描述

当表在不同工作区中打开时，每个工作区的表记录指针是独立的。可以通过建立表间的临时关联来实现表间记录指针的联动。

建立 reader 表与 borrow 表之间的临时关联，根据不同的读者记录相应地显示出当前读者借的书的情况，如图 4-21 所示。

读者卡号	姓名	性别	电话	证件号码	分院
0001	王强	T	18368373885	1420400302	信息
0002	何进	T	18368373994	1420400215	信息
0003	周正	F	18368379495	1520400210	信息
0004	刘协	F	18368372095	1420340101	工商管理
0005	杨休	T	18368372196	1420340102	工商管理
0006	施存	T	18368378989	1420340103	工商管理
0007	司马郎	T	18368378990	1520110101	会计
0008	郭照	F	18368382525	1520110102	会计

读者卡号	图书编号	借阅日期	借阅天数	归还日期	数量	归还状态
0001	ts0001	06/07/17	30	06/27/17	1	T
0001	ts0002	06/07/17	30	06/07/17	1	T
0001	ts0003	06/07/17	30	06/07/17	1	T

图 4-21   显示读者借书的情况

4.5.2   知识链接

建立临时关联的前提条件：子表需要建立以关联字段为表达式的索引，并且设置该索引为主索引。

创建临时关联可以通过多种方法实现，如数据工作期、命令方式和数据环境，下面介绍前两种方式，数据环境方式将在后续章节中介绍。

（1）通过"数据工作期"对话框创建表间的临时关联。

（2）使用命令方式创建表间的临时关联，命令如下：

```
SET RELATION TO [<关系表达式1>] INTO <工作区1>/<表别名1>
[, <关系表达式2> INTO <工作区2>/<表别名2>…]
[IN <工作区>/<表别名>][ADDITIVE]
```

注意：使用上述命令前，必须在子表中建立与<关系表达式>相匹配的索引。

（3）取消表间的临时关联，命令有以下两种。

格式 1：

```
SET RELATION OFF INTO <工作区>/<表别名>
```

格式 2：

```
SET RELATION TO
```

除此之外，关闭临时关联双方的任意一个表，临时关联也将自动取消。

4.5.3 案例实施

1．通过数据工作期建立临时关联

（1）在建立临时关联前，先检查 reader、borrow 表的关联字段是否已建立索引并为主索引。

选择"窗口"→"数据工作期"选项，弹出"数据工作期"对话框，单击"打开"按钮选择要打开的表，单击"确定"按钮。如果要修改表的索引，则选中"独占"单选按钮，表示以独占的方式打开表，可以在表设计器中建立或修改索引。

（2）打开需要建立临时关联的表 reader、borrow，如图 4-22 所示。

图 4-22　打开表

（3）选中主表 reader，单击"关系"按钮，选择从表 borrow，弹出"设置索引顺序"对话框，如图 4-23 所示。

（4）在"设置索引顺序"对话框中选择关联字段索引"Borrow.读者卡号"，单击"确定"按钮，弹出"表达式生成器"对话框，选择关联字段"读者卡号"，单击"确定"按钮，reader 表和 borrow 表的临时关联就建立好了，如图 4-24 和图 4-25 所示。

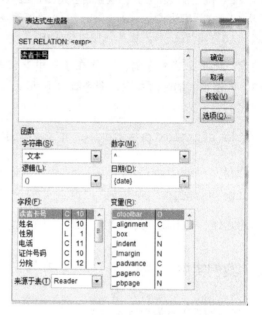

图 4-23　"设置索引顺序"对话框　　　　图 4-24　"表达式生成器"对话框

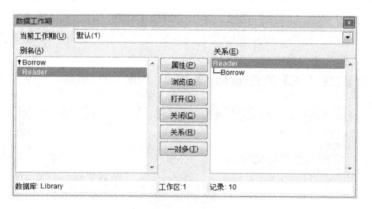

图 4-25　reader 表和 borrow 表的临时关联

（5）分别选中左侧工作区的别名，单击"浏览"按钮，打开 reader 表、borrow 表，查看两表的关联。

2．使用命令方式建立表间的临时关联

在命令窗口中输入建立临时关联所用的命令，如图 4-26 所示。

图 4-26　使用命令方式建立临时关联

4.6　数据库完整性的实现

数据字典是 VFP 数据库特有的一个数据集合，它是包含数据库中所有表（即数据库表）信息的一张表，用于存储表的长表名或长字段名、有效性规则和触发器，以及有关数据库对象的定义（如视图和命名连接）等。

数据字典可创建和指定的项目如下。

（1）建立表的主索引和候选索引。

（2）为表和字段指定长名称。

（3）为每个字段和表添加注释。

（4）为表的各个字段指定标题，这些标题将作为表头显示在浏览窗口中。

（5）为字段指定默认值。

（6）设置字段输入掩码和显示格式。

（7）设置字段级规则和记录级规则。

（8）建立数据库表间的永久关联。

（9）为表设置触发器。

（10）建立存储过程。

（11）建立本地视图和远程视图。

（12）建立到远程数据库的连接。

4.6.1　长表名和表注释

为了更清楚地描述表的含义，可以为数据库表设置长表名和表注释。

数据库表可以使用长达 128 个字符的名称作为数据库引用该表的名称。VFP 默认的表名与表的文件名相同。

4.6.2　长字段名和字段属性

长字段名和字段属性是数据库表的特性，这些特性使得数据库表的性能优于自由表。长字段名和字段属性可以在表设计器的"字段"选项卡中设置。

4.6.3　设置记录规则

1．字段级有效性规则

字段级有效性规则用来控制用户输入到字段中的数据。当用户在浏览窗口、表单等界面中改变字段值，并且焦点离开该字段（单元格）时，或者用户在使用 APPEND、REPLACE 等命令使字段值发生改变时，开始检查字段的有效性。

2．记录级有效性规则

记录级有效性规则可以在同一条记录的多个字段间进行比较，以检查数据是否有效。当用户在浏览窗口、表单等界面中改变记录的值，并且焦点离开该记录（行）时，或者用户在使用 APPEND、REPLACE 等命令使记录值发生改变时，开始检查记录的有效性。

4.6.4　主索引与表间的永久关联

关系数据库系统是采用表来存储数据的，而不同表之间的关联则是通过两张表中的关联字段来实现的。例如，reader 表存储的是所有读者的信息，borrow 表则存储了读者的借阅记录，两张表通过"读者卡号"字段关联，既可以查看读者信息并了解该读者的借阅情况，又可以查看借阅信息并找到对应的读者。通常情况下，reader 与 borrow 是一对多的关系，即每个读者可以有多种图书的借阅记录，而每本图书的借阅记录只属于一个读者，这种不同数据库表中的数据之间存在的联系称为永久关联。

永久关联要求表中的"读者卡号"字段必须唯一且不能为空，因此需要以"读者卡号"字段建立主索引。主索引是不允许在指定字段或表达式中出现重复值和空值的索引，这样的索引可以起到主关键字的作用，即唯一识别一条记录。如果在任何已包含了重复数据的字段上建立主索引，VFP 将产生错误信息。每一张表只能建立一个主索引，且只有数据库表才能建立主索引。

永久关联保存在数据库中，主要用于实现参照完整性，在查询设计器和视图设计器中作为默认连接条件使用，并且在数据环境中作为默认临时关联显示。但与临时关联不同的是，永久关联不需要每次都重新创建，也不能控制不同工作区表的记录指针之间的关联。

4.6.5　参照完整性实现

参照完整性根据一系列的规则来保持数据库表中数据的有效性和一致性，实施参照完整性可以有效地维护数据库中多张表的关联。

1．参照完整性规则

参照完整性是指"子"表外部关键字的取值应为"空"值或"父"表的子集。数据库表实施参照完整性规则，当新增、修改或删除记录时，可以确保数据库表中数据的有效性和一致性，具体规则如下。

当父表中没有关联记录时，记录不能添加到相关子表中。

若父表中的某记录在相关联子表中有匹配记录，则该记录值不能随意改变。

若父表中的某记录在相关联子表中有匹配记录，则该记录不能删除。

2．参照完整性实现

VFP 9.0 提供了参照完整性生成器，该生成器可以根据用户设置的规则自动生成代码，这些代码在用户进行某些操作时自动启用，以确保该操作符合参照完整性规则。

建立参照完整性的步骤如下。

（1）进入数据库设计器。

（2）单击永久关联连线并右击，在弹出的快捷菜单中选择"编辑参照完整性"选项，或者选择"数据库"→"编辑参照完整性"选项，弹出"参照完整性生成器"对话框，如图 4-27 所示。

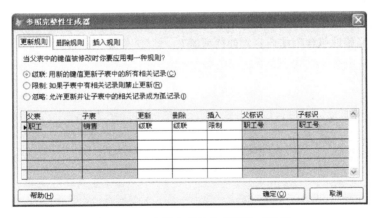

图 4-27　"参照完整性生成器"对话框

在"参照完整性生成器"对话框中有"更新规则""删除规则""插入规则"3 个选项卡，分别代表在父表中更新记录、在父表中删除记录和在子表中插入或修改记录时应当遵循的规则，该规则有以下 3 个。

① 级联：当父表记录中关联字段值更新或删除时，自动完成相关子表中记录字段值的更新和删除操作。

② 限制：若子表记录中有与父表记录中关联字段值相匹配的记录，则禁止对这些父表记录的字段值进行更新或删除。若要向子表中插入记录，而该记录在父表中无相匹配的记录，则禁止插入。

③ 忽略：允许进行任何操作。

（3）设置相应的完整性规则后，单击"确定"按钮，弹出提示对话框，单击"是"按钮即可。

需要注意的是，当数据库中有多个永久关联时，在"参照完整性生成器"对话框下方的表格中会出现多条记录，要先选择永久关联，再设置相应的规则。

4.7　本章小结

本章通过图书管理系统介绍了如何建立并使用数据库，以及对相互关联的多张表进行管理。通过本章的学习，用户应对关系数据库管理系统在 VFP 9.0 中的实现有一个大致的了解，可以学会建立并操作数据库，了解工作区，建立多表临时关联、数据库的相关规则和参照完整性。

思考与练习

1. 数据库表与自由表有何区别？
2. 工作区的别名是如何规定的？最小工作区号是 0 吗？
3. 临时关联有什么实际用处？
4. 表间的临时关联可用哪些方法实现？临时关联的作用是什么？
5. 数据库的基本操作有哪些？如何用命令实现？
6. 数据库的完整性包含哪些内容？如何理解？

第 5 章
结构化查询语言及应用

 本章主要内容

　　本章主要介绍 SQL，其中最主要是 SELECT 语句的使用，并通过具体案例介绍查询设计和视图设计的方法。

　　通过本章的学习，可以为图书管理系统的查询，特别是图书借阅查询功能模块的实现打下基础。

 本章难点提示

　　本章的难点是 SELECT 语句的语法结构及多表查询。

结构化查询语言（Structured Query Language，SQL）是关系型数据库的国际标准语言，既可以用于大型数据库系统，又可以用于微机数据库系统，是数据库的通用语言。SQL 由数据定义语言、数据操纵语言和数据控制语言组成。

数据定义语言用于对数据库用户、基本表、视图、索引进行定义和撤销。其中，对数据表进行创建、删除和修改由 CREATE、DROP 和 ALTER 命令实现。数据操纵语言用于完成数据操作，由插入（INSERT）、更新（UPDATE）、删除（DELETE）和查询（SELECT）等命令组成。数据控制语言用于控制用户对数据库的访问权限，由授权、回收命令组成。但是由于 VFP 没有权限管理功能，因此没有数据控制语言。

5.1 数据定义语言的使用

5.1.1 案例描述

数据定义语言可以对数据库用户、基本表、视图和索引进行定义和撤销。这里主要介绍数据表的创建、删除和修改操作。本案例利用数据定义语言来实现数据表的相关操作。

5.1.2 知识链接

1．数据表的创建

1）基本数据类型

在创建表结构时，需要对表中的每一个字段设置一个数据类型，用于指定字段所存放的数据类型。VFP 中提供的主要字段类型如表 5-1 所示。

表 5-1　字段类型

字段类型	字段宽度	小数位	说　明
字符型	N	—	字符型（Character）数据用 C 表示，宽度为 N
日期型	8	—	日期型（Date）数据用 D 表示
日期时间型	8	—	日期时间型（DateTime）数据用 T 表示
数值型	N	D	数值型（Numeric）数据用 N 表示，宽度为 N，小数位为 D
浮点型	N	D	浮点型（Float）数据用 F 表示，宽度为 N，小数位为 D
整型	4	—	整型（Integer）数据用 I 表示
双精度型	8	D	双精度型（Double）数据用 B 表示，宽度为 8，小数位为 D
货币型	8	—	货币型（Currency）数据用 Y 表示
逻辑型	1	—	逻辑型（Logical）数据用 L 表示
备注型	4	—	备注型（Memo）数据用 M 表示
通用型	4	—	通用型（General）数据用 G 表示

2）建立表结构

在数据表的操作中介绍了通过表设计器和 CREATE 命令建立表的方法。在 VFP 中也可以通过 SQL 的 CREATE TABLE 命令建立表。

格式：

```
CREATE TABLE <表名>[NAME 长表名][FREE];
(字段名1 类型[(宽度,小数位数)][NULL|NOT NULL]);
[CHECK 字段有效性规则[ERROR 错误信息]][DEFAULT 默认值];
[PRIMARY KEY|UNIQUE|FOREIGN KEY];
[REFERENCES 表名2[TAG 索引名]];
[,字段名2 类型[(宽度,小数位数)]……]
```

功能：创建数据表。

说明：

（1）<表名>：合法标识符，最多可用 128 个字符，如 book、borrow 等，不允许重名。

（2）NAME 长表名：表指定长表名。

（3）NULL|NOT NULL：确定字段允许或不允许为空值。

（4）CHECK 字段有效性规则：设置字段的有效性规则，该规则是一个逻辑表达式。

创建表结构的同时还可以定义该表相关的完整性约束条件，这些完整性约束条件保存在系统的数据字典中。当用户操作表中的数据时，会自动检查该操作是否满足完整性约束条件，不满足约束条件的不能操作。

（5）PRIMARY KEY|UNIQUE|FOREIGN KEY：设置主索引或候选索引或普通索引。

（6）REFERENCES 表名 2：与表名 2 建立永久关联。

2. 数据表的删除

格式：

```
DROP TABLE 表名
```

功能：删除数据库表。

说明：

（1）该命令默认删除当前数据库中的表，若该命令删除了未打开数据库中的表，则表虽然删除了，但表在数据库中的信息无法删除，导致使用数据库时会出现错误提示信息。

（2）若所有的数据库都关闭了，则该命令可以删除指定的自由表。

3. 数据表的修改

格式：

```
ALTER TABLE<表名>
[ADD 字段名 类型[(宽度,小数位数)]NULL |NOT NULL];
[CHECK 字段有效性规则[ERROR 错误信息]][DEFAULT 默认值];
[ALTER 字段名 类型[(宽度,小数位数)]];
[ALTER 字段名 NULL|NOT NULL;
[ALTER 字段名 SET CHECK 字段有效性规则[ERROR 错误信息]|DROP CHECK];
```

```
[ALTER 字段名 SET DEFAULT 默认值|DROP DEFAULT];
[ALTER TABLE 表名 DROP 字段名]
[ALTER TABLE 表名 RENAME 字段名1 TO 字段名2]
[ADD PRIMARY KEY 索引表达式 TAG 索引名|DROP PRIMARY KEY]
[ADD UNIQUE 索引表达式 TAG 索引名|DROP UNIQUE TAG 索引名]
```

功能：修改表的结构。

说明：

（1）ADD：用于增加新的列和完整性约束。ALTER：用于修改某些列。DROP：用于删除某些字段。RENAME：用于修改字段名。

（2）ADD 字段名：用于增加字段。

（3）ALTER 字段名 类型[(宽度,小数位数)]：用于修改字段的类型及宽度等。

（4）ALTER 字段名 NULL|NOT NULL：修改字段值是否允许为空值或者非空值。

（5）ALTER 字段名 SET CHECK：设置有效性规则或者取消有效性规则。

（6）ALTER 字段名 SET DEFAULT：设置字段默认值或者取消默认值。

（7）ALTER TABLE 表名 DROP 字段名：删除字段。

（8）ALTER TABLE 表名 RENAME：修改字段名。

（9）ADD PRIMARY KEY：增加主索引或者取消主索引。

（10）ADD UNIQUE 索引表达式：增加候选索引或者取消候选索引。

5.1.3　案例实施

1．数据表的创建

使用 CREATE TABLE 命令创建 book 数据表。

前面章节已经介绍了 book 数据表的结构，根据数据表的结构，创建 book 表的命令如下：

```
OPEN DATABASE LIBRARY
CREATE  TABLE book(图书编号 c(20) PRIMARY KEY,书名 c(40),作者 c(20),出版社 c(20),出版日期 d,类别 c(10),册数 N(3,0),定价 N(6,2),备注 c(10))
```

2．数据表的删除

使用 DROP TABLE 命令删除 LIBRARY 数据库中的 book 表，命令如下：

```
OPEN DATABASE;
DROP TABLE book;
```

3．数据表的修改

使用 ALTER TABLE 命令修改 book 表。

（1）为 book 表增加字段"总金额"，字段类型为数值型，宽度为6，小数位数为2，命令如下：

```
ALTER TABLE BOOK ADD 总金额 N(6,2)
```

（2）修改 book 表的"图书编号"字段的宽度为 20，命令如下：

```
ALTER TABLE BOOK ALTER 图书编号 c(20)
```

（3）删除 book 表中的"备注"字段，命令如下：

```
ALTER TABLE BOOK DROP 备注
```

（4）删除 book 表中的主索引，命令如下：

```
ALTER TABLE BOOK DROP PRIMARY KEY
```

（5）给 book 表增加图书编号主索引，命令如下：

```
ALTER TABLE BOOK ADD PRIMARY KEY 图书编号
```

5.2　查询语句的使用

在 SQL 的诸多语句中，使用最频繁、应用最广泛的语句是 SELECT。

5.2.1　案例描述

SELECT 查询语句是从单张表或者多张表中提取符合一定条件信息的方法。SELECT 查询语句包含基本查询、条件查询、查询的排序、多表查询、统计查询和分组查询。本案例利用 SELECT 查询语句实现基本查询、条件查询、查询的排序、多表查询、统计查询和分组查询。

5.2.2　知识链接

SELECT 命令的基本语法格式如下：

```
SELECT [ALL/DISTINCT]<字段/字段表达式>
FROM <数据来源>
[WHERE <条件表达式>]
[INTO <浏览窗口/新表/临时表/数组/活动窗口>]
[GROUP BY <分组依据>]
[ORDER BY <排序依据>]
```

说明：

（1）SELECT 子句说明了要查询的字段或字段表达式，ALL 表示不去掉重复元组，DISTINCT 表示去掉重复的元组，其默认值为 ALL。

（2）FROM 子句说明了查询来自于哪些数据表，可以是单张表或者多张表。

（3）WHERE 子句说明了查询条件。

（4）INTO 子句说明了查询结果存放地点，可以是浏览窗口（默认）、新表（ INTO TABLE 表名）、临时表（INTO CURSOR 表名）、数组（INTO ARRAY 数组名）或者活动窗口（INTO SCREEN）。

（5）GROUP BY 子句用于对查询结果进行分组，可以进行分组汇总。

（6）ORDER BY 子句用于对查询结果进行排序。

5.2.3　案例实施

1．基本查询

（1）查询 reader 表中记录的所有字段。

选择"窗口"→"命令窗口"选项，打开命令窗口。在命令窗口中输入命令"SELECT * FROM reader"，按 Enter 键，打开查询窗口，在窗口中将显示查询结果，如图 5-1 所示。

读者卡号	姓名	性别	电话	证件号码	分院	班级	失效日期	押金	备注
0001	王强	T	18368373885	1420400302	信息	14计算机3班	07/01/18	100	
0002	何进	T	18368373994	1420400215	信息	14计算机2班	07/01/18	100	
0003	周正	F	18368379495	1520400210	信息	15计算机2班	07/01/19	100	
0004	刘协	F	18368372095	1420340102	工商管理	14物流1班	07/01/18	100	
0005	杨休	F	18368372196	1420340102	工商管理	14物流1班	07/01/18	100	
0006	施存	F	18368376989	1420340103	工商管理	14物流1班	07/01/18	100	
0007	司马郎	T	18368378990	1520110101	会计	15审计1班	07/01/19	100	
0008	郭照	F	18368382525	1520110102	会计	15审计1班	07/01/19	100	
0009	张春华	F	18368372526	1520110103	会计	15审计1班	07/01/19	100	
0010	陈力群	T	18368372527	1520110104	会计	15审计1班	07/01/19	100	

图 5-1　查询结果 1

命令中，"*"表示所有字段。

（2）查询 reader 表中部分字段的内容，要求显示读者卡号、姓名、分院、班级。

```
SELECT 读者卡号,姓名,分院,班级 FROM READER
```

查询结果如图 5-2 所示。

读者卡号	姓名	分院	班级
0001	王强	信息	14计算机3班
0002	何进	信息	14计算机2班
0003	周正	信息	15计算机2班
0004	刘协	工商管理	14物流1班
0005	杨休	工商管理	14物流1班
0006	施存	工商管理	14物流1班
0007	司马郎	会计	15审计1班
0008	郭照	会计	15审计1班
0009	张春华	会计	15审计1班
0010	陈力群	会计	15审计1班

图 5-2　查询结果 2

（3）查询 reader 表中读者卡号、姓名、分院、班级字段内容，并将"读者卡号""分院"更名为"卡号""部门"。

```
SELECT 读者卡号 AS 卡号,姓名,分院 AS 部门,班级 FROM READER
```

其中，关键字 AS 指定了字段内容在显示时的列标题。

（4）查询 borrow 表中借过书的读者卡号。

```
SELECT DISTINCT 读者卡号 FROM BORROW
```

2．条件查询

（1）查询 book 表中册数大于或等于 5 的图书记录。

```
SELECT * FROM BOOK WHERE 册数>=5
```

（2）查询 book 表中册数大于或等于 5 的计算机类图书记录。

```
SELECT * FROM BOOK WHERE 册数>=5 AND 类别="计算机"
```

（3）查询 book 表中类别为"计算机"或"文学"类别的图书记录。

```
SELECT * FROM BOOK WHERE 类别 ="计算机" OR "文学"
```

也可以用 IN 运算符实现上述功能。IN 运算符用于判断运算符前面的数据是否包含在运算符后面的数据列表中，实现上述功能的语句如下：

```
SELECT * FROM BOOK WHERE 类别IN ("计算机","文学")
```

（4）查询 book 表中定价在 30 元至 35 元之间的图书记录。

```
SELECT * FROM BOOK WHERE 定价>=30 AND 定价 <=35
```

也可以用 BETWEEN-AND 和 BETWEEN()函数实现，表示介于两者之间。

```
SELECT * FROM BOOK WHERE 定价 BETWEEN 30 AND 35
SELECT * FROM BOOK WHERE BETWEEN(定价,30,35)
```

（5）查询 reader 表中姓刘的读者信息。

```
SELECT * FROM READER WHERE 姓名 LIKE "刘%"
```

其中，LIKE 运算符通常与通配符"%"或者"_"一起使用，"%"表示任意长度的字符，"_"表示任意单个字符。

3．查询的排序

可以使用 ORDER BY 子句对一个或者多个字段进行升序(ASC)或者降序(DESC)排列，默认为升序排序。

（1）将 book 表的所有图书信息按照定价降序排列。

```
SELECT * FROM BOOK ORDER BY 定价 DESC
```

（2）将 book 表的所有图书信息按照书名升序、定价降序排列。

```
SELECT * FROM BOOK ORDER BY 书名,定价 DESC
```

4．多表查询

（1）查询图书借阅情况，要求显示图书编号、书名、读者卡号、借阅数量。

```
SELECT BOOK.图书编号,书名, 读者卡号, BORROW.数量 AS 借阅数量;
FROM BOOK,BORROW;
WHERE BOOK.图书编号=BORROW.图书编号
```

说明：

① 该查询涉及 book 表和 borrow 表，需要将两张表的相同字段"图书编号"进行关联，即"BOOK.图书编号=BORROW.图书编号"。

② "图书编号"在 book 表和 borrow 表中都出现了，在引用字段时需要使用"表名.字段名"对字段加以限定，否则会出现"图书编号不唯一，必须加以限定"的错误。

（2）查询读者借阅情况，要求显示读者卡号、姓名、图书编号、书名和借阅数量。

```
SELECT BORROW.读者卡号,姓名,BOOK.图书编号,BOOK.书名,数量 AS 借阅数量;
FROM BORROW,READER,BOOK;
WHERE READER.读者卡号=BORROW.读者卡号 AND BOOK.图书编号=BORROW.图书编号
```

说明：该查询涉及 reader、borrow 及 book 3 张表，需要通过"读者卡号""图书编号"进行关联。

5．统计查询

查询 book 表中定价的最大值、最小值。

```
SELECT MAX(定价) AS 最大值,MIN(定价) AS 最小值 FROM BOOK
```

说明：MAX、MIN、COUNT、AVG、SUM 分别为求最大值、最小值、计数、平均值和求和函数。

6．分组查询

查询 book 表中每种类别图书的总册数和总金额。

```
SELECT 类别,SUM(册数) AS 总册数,SUM(册数*定价) AS 总金额;
FROM BOOK GROUP BY 类别
```

5.3 数据更新语句的使用

常用的数据更新语句有 INSERT（插入）、UPDATE（修改）、DELETE（删除），可以实现表中数据的插入、修改和删除。

5.3.1 案例描述

本案例使用数据更新语句实现 book 表中数据的插入、修改和删除。

5.3.2 知识链接

1. INSERT 语句

当需要对数据表增加新记录时，可以使用 INSERT 语句，其语法格式如下：

格式：

```
INSERT INTO 数据表名([字段列表]) VALUES(取值列表)
```

功能：向指定的数据表中插入一条新记录。

说明：

（1）当对新记录的所有字段都赋值时，可省略字段名。若只对其中某些字段赋值，则需要指定要赋值的字段名称。

（2）取值列表和字段列表对应的字段类型和取值范围必须一一对应。

2. UPDATE 语句

当需要对数据表中的数据进行修改时，可以使用 UPDATE 语句进行数据的修改操作，其语法格式如下：

格式：

```
UPDATE  数据表名 SET 字段名=<表达式>[,字段名=<表达式>] WHERE 条件
```

功能：将满足条件的所有记录的字段值更新为表达式的值。

说明：

（1）使用 UPDATE 命令可以一次更新多个字段的值。

（2）WHERE 条件用于指定更新的条件。

3. DELETE 语句

当需要对数据表中的记录进行删除时，可以使用 DELETE 语句进行记录的删除操作，其语法格式如下：

格式：

```
DELETE FROM 数据表名 [WHERE 条件]
```

功能：将满足条件的所有记录逻辑删除。

说明：

（1）DELETE 语句一次只能从一个基本表中删除记录，若要从多个基本表中删除记录，则必须为每个基本表写一条 DELETE 语句。

（2）WHERE 条件用于指定更新的条件。

5.3.3　案例实施

1．数据的插入

向 book 表中添加图书编号为"ts0011"、书名为"Java 开发基础"、作者为"唐亮"的一条记录，其命令如下：

```
INSERT BOOK(图书编号,书名,作者) VALUES("ts0011","Java开发基础","唐亮")
```

2．数据的修改

在 book 表中，将图书编号为 ts0011 的书名更改为"用微课学 Java 开发基础"，其命令如下：

```
UPDATE BOOK SET 书名="用微课学Java开发基础" WHERE 图书编号="ts0011"
```

3．数据的删除

book 表中对图书编号为 ts0011 的记录进行逻辑删除，其命令如下：

```
DELETE FROM BOOK WHERE 图书编号="ts0011"
```

5.4　查询设计

除了 5.1 节中提到的使用 SQL 查询语句进行查询之外，VFP 还为用户提供了可视化界面来实现数据查询，即利用查询设计器实现查询。

5.4.1　案例描述

利用查询设计器，查询读者借阅情况，要求显示读者卡号、姓名、班级、图书编号、书名和数量，并按照读者卡号升序排列，查询结果在浏览窗口中显示，如图 5-3 所示。

读者卡号	姓名	班级	图书编号	书名	数量
0001	王强	14计算机3班	ts0001	软件工程	1
0001	王强	14计算机3班	ts0002	英语情景口语100主题	1
0002	何进	14计算机2班	ts0003	软件质量保证与测试	1
0002	何进	14计算机2班	ts0004	现代经济	1
0003	周正	15计算机2班	ts0005	雍正皇帝	1

图 5-3　查询结果

5.4.2　知识链接

下面介绍使用查询设计器建立查询的步骤。

（1）启动查询设计器。

（2）设置查询结果所需的字段。

（3）设置联接类型和联接条件。

（4）设置筛选条件。

（5）设置查询结果的排序条件依据。

（6）设置查询结果的分组依据。

（7）设置是否取消重复记录。

（8）指定查询去向。

（9）保存查询。

（10）运行查询。

5.4.3　案例实施

1．启动查询设计器

常用的启动查询设计器的方法有如下。

（1）选择"文件"→"新建"选项，弹出"新建"对话框，选中"查询"单选按钮，启动查询设计器。

（2）在命令窗口中输入"CREATE QUERY"，也可以启动查询设计器。

在使用上述方法启动查询设计器之前，会弹出"添加表或视图"对话框，如图 5-4 所示。在该对话框的"数据库"下拉列表中选择"Library"选项，在"数据库中的表"列表框中选择 book、reader、borrow 并单击"添加"按钮，结果如图 5-5 所示。

图 5-4　"添加表或视图"对话框

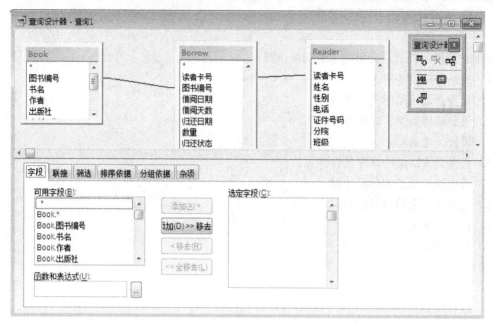

图 5-5　查询设计器

2. 设置查询结果所需的字段

在"字段"选项卡的"可用字段"列表框中，依次选择"Reader.读者卡号""Reader.姓名""Reader.班级""Book .图书编号""Book .书名""Borrow.数量"，并单击"添加"按钮，选择所需的字段，结果如图 5-6 所示。

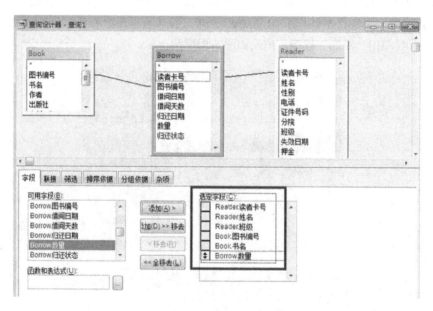

图 5-6　选择所需的字段

3．设置联接类型和联接条件

选择"联接"选项卡，由于数据库表之间已经建立了永久关联，因此，查询设计器会自动建立联接类型和联接条件，结果如图 5-7 所示。

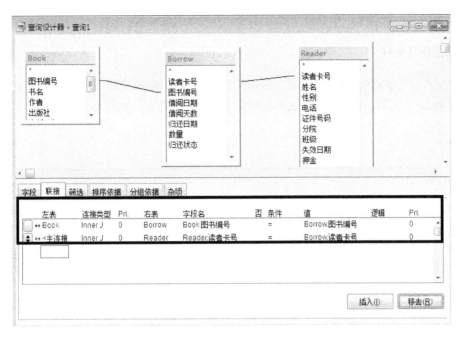

图 5-7　设置联接类型和联接条件

如果数据库表之间没有建立永久关联，则需要人工添加联接类型和联接条件，此时可以单击查询设计器工具栏中的"添加联接"按钮，建立如图 5-8 所示的联接条件。再次单击"添加联接"按钮，建立如图 5-9 所示的联接条件。

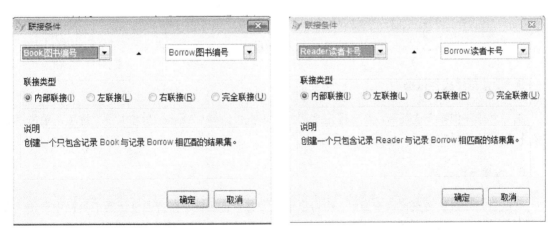

图 5-8　建立联接条件 1　　　　　　　　　　图 5-9　建立联接条件 2

联接类型有以下 4 种。

① 内部联接：联接左、右表中仅满足联接条件的记录，这是最普通的联接方式。

② 左联接：联接左表中所有的记录和联接右表中满足联接条件的记录。

③ 右联接：联接右表中所有的记录和联接左表中满足联接条件的记录。

④ 完全联接：联接左、右表中不论是否满足条件的所有记录。

4．设置筛选条件

选择"筛选"选项卡，在"字段名"下拉列表中选择"Reader.班级"选项，在"条件"下拉列表中选择"Like"选项，在"实例"文本框中输入"%计算机%"，如图 5-10 所示。

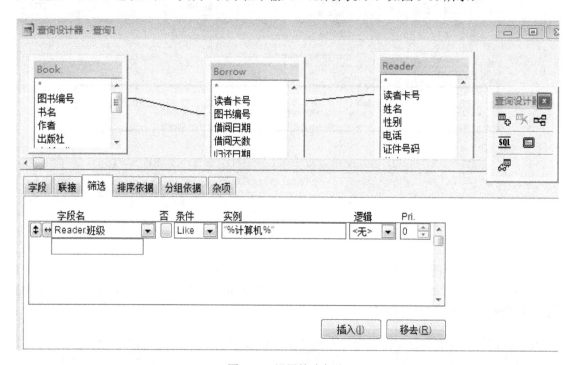

图 5-10　设置筛选条件

5．设置排序条件依据

选择"排序依据"选项卡，在"选定字段"列表框中选择"Reader.读者卡号"选项，单击"添加"按钮，选择排序条件，如图 5-11 所示。

6．设置查询去向

默认查询结果在浏览窗口中显示，也可以重新设置查询去向。在查询设计器工具栏中单击"查询去向"按钮，弹出"查询去向"对话框，选择相应的查询去向。输出去向可以是浏览、临时表、表和屏幕，如图 5-12 所示。

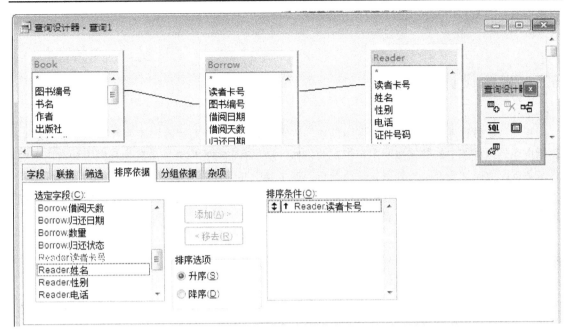

图 5-11　设置排序依据

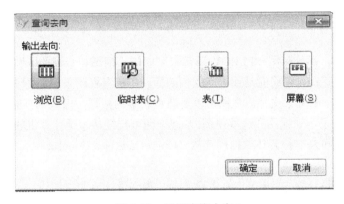

图 5-12　设置查询去向

7．保存查询

选择"文件"→"另存为"选项，或者单击工具栏中的"保存"按钮，弹出"另存为"对话框，在"另存为"对话框中输入查询名称"查询1"，并单击"保存"按钮。

8．运行查询

运行查询，显示查询结果，有以下几种方法。

① 选择"查询"→"运行查询"选项，或者单击工具栏中的"运行"按钮，即可运行查询，显示查询结果。

② 在命令窗口中输入命令"DO 查询1.qpr"。

③ 选择"程序"→"运行"选项，弹出"运行"对话框，找到查询文件"查询 1.qpr"，单击

"运行"按钮，显示查询结果。

5.5　视图设计

视图是在数据库表或者其他视图中创建的逻辑虚表，是用户观察数据库中数据的窗口。所谓的逻辑虚表是指视图中的数据按照用户指定的条件，从已有的数据库表或者其他视图中抽取出来的，这些数据在数据库中并不另外保存，而是在数据字典中存储视图的定义。

用户通过视图查看数据库表中的数据，可以在一定程度上保证视图以外的数据不被查看，同时用户可以通过视图更新相应的表。

5.5.1　案例描述

使用视图设计器对"图书管理系统"数据库建立视图，要求包含读者卡号、姓名、图书编号、书名、借阅日期、归还日期，并且可以用视图修改源表中的归还日期。

5.5.2　知识链接

视图类似于查询，都是应用 SELECT 语句来完成的。视图与查询的区别在于：视图是一张虚拟表，视图不能单独存在，它只能是数据库的一部分。在建立视图之前，必须先打开数据库。而查询是一个扩展名为.qpr 的独立文件。视图可以更新源表中的数据，而查询不能更新源表中的数据。

VFP 为用户提供了本地视图和远程视图。本地视图可直接从本地计算机的数据库或其他视图中提取数据，远程视图可从支持开放数据库连接（Open DataBase Connectivity，ODBC）的远程数据源中提取数据。

视图可以用视图设计器进行设计。视图设计器与查询设计器非常相似。视图设计器中的"字段""联接""筛选""排序依据""分组依据""杂项"选项卡的功能与查询设计器中对应选项卡的功能基本相同，只是"字段"选项卡中多了字段有效性规则控制等功能。同时，视图设计器增加了"更新条件"选项卡，利用该选项卡，可以通过视图更新源表的数据。

视图创建的基本步骤如下。

（1）打开数据库。

（2）启动视图设计器。

（3）添加表和视图。

（4）选择视图字段。

（5）设置"联接""筛选""排序依据""分组依据""更新条件""杂项"选项卡。

（6）保存视图。

（7）运行视图。

5.5.3　案例实施

（1）打开"Library"数据库，如图 5-13 所示。

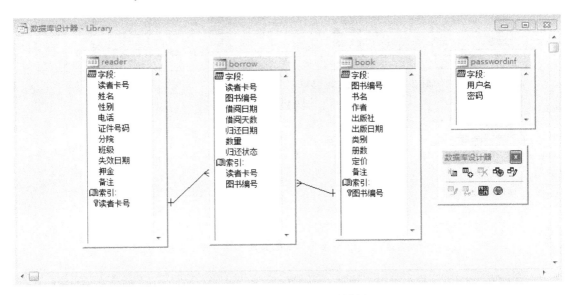

图 5-13　打开"Library"数据库

（2）启动视图设计器。在数据库设计器中单击"新建本地视图"按钮，弹出"新建本地视图"对话框，如图 5-14 所示。在对话框中单击"新建视图"按钮，进入视图设计器窗口。

图 5-14　"新建本地视图"对话框

（3）添加表和视图。本案例中，"读者卡号""姓名"字段，来自于 reader 表，"图书编号""书名"字段来自于 book 表，"借阅日期""归还日期"字段来自于 borrow 表，因此，将 reader、book 和 borrow 表添加到视图设计器中，如图 5-15 所示。

（4）选择视图字段。根据案例要求，选择 Reader.读者卡号、Reader.姓名、Book.图书编号、Book.书名、Borrow.读者卡号、Borrow.图书编号、Borrow.借阅日期、Borrow.归还日期等字段，并添加到"选定字段"列表框中，如图 5-16 所示。

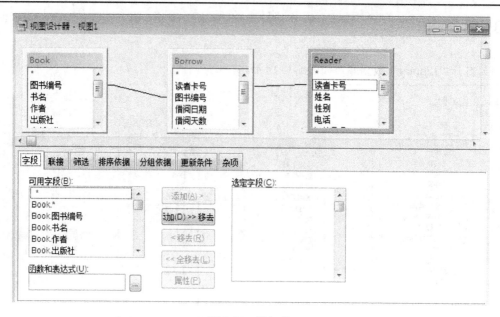

图 5-15　添加表

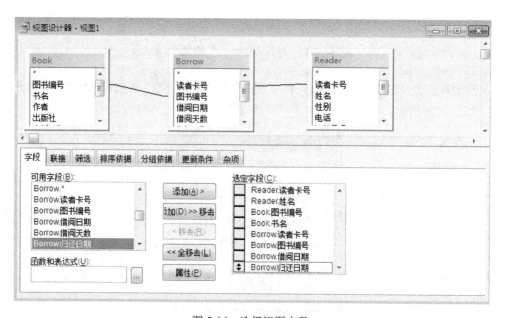

图 5-16　选择视图字段

　　说明：由于要对"Borrow.归还日期"进行更新，因此必须设置 Borrow 的关键字段，否则不能更新。

　　（5）设置"联接""筛选""排序依据""分组依据""更新条件""杂项"选项卡。由于数据库表之间已经建立关系，因此在"联接"选项卡中已经自动建立了表之间的联接类型和联接条件，如图 5-17 所示。根据案例要求，不需要设置"筛选""排序依据""分组依据""杂项"选项卡。

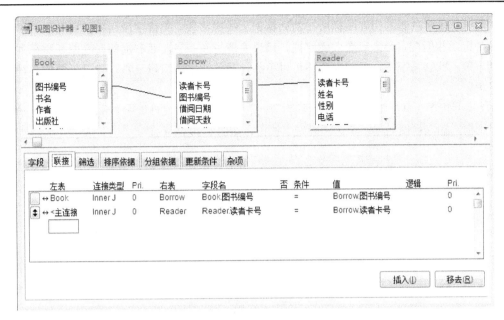

图 5-17　设置联接类型和联接条件

　　根据案例要求，需要对归还日期进行更新，需要设置"更新条件"选项卡。选择"更新条件"选项卡，在"表"下拉列表中选择 Borrow 表，在"字段名"列表框中会列出相应的字段。勾选"读者卡号""图书编号"字段前面钥匙图标所在列，标识关键字段。勾选"归还日期"字段前面铅笔图标所在列，标识"归还日期"字段为可更新字段。在"SQL WHERE 子句包括"选项组中，选中"关键字和已修改字段"单选按钮，在"使用更新"选项组中选中"SQL 更新"单选按钮，选中"发送 SQL 更新"复选框，将视图的修改结果返回到源表，如图 5-18 所示。

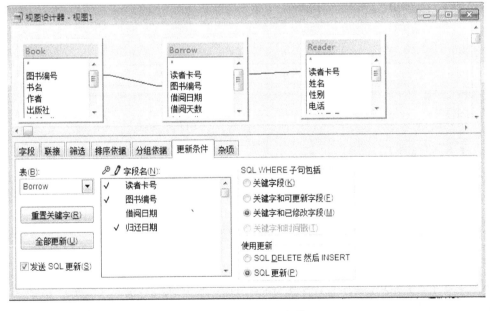

图 5-18　设置更新条件

说明：字段名左侧的钥匙图标所在的列标识了关键字段，关键字段用来使视图中的修改与源表的原始记录相匹配，必须设置关键字段，该表才能更新；字段名右侧的铅笔图标所在列标识了可更新字段。默认情况下，关键字段不可以更新，非关键字段可以更新，建议不要使用视图更新关键字段。

（6）保存视图。单击工具栏中的"保存"按钮，或者选择"文件"→"另存为"选项，弹出"保存"对话框，输入视图名称，单击"确定"按钮，如图 5-19 所示。

图 5-19　"保存"对话框

（7）运行视图。单击工具栏中的"运行"按钮，运行视图，显示结果如图 5-20 所示。修改第一条记录的归还日期为 06/27/17，查看源表，可以看到 borrow 的归还日期已修改为 06/27/17。

读者卡号_a	姓名	图书编号_a	书名	读者卡号_b	图书编号_b	借阅日期	归还日期
0001	王强	ts0001	软件工程	0001	ts0001	06/07/17	06/27/201
0001	王强	ts0002	英语情景口语100主题	0001	ts0002	06/07/17	06/07/17
0002	何进	ts0003	软件质量保证与测试	0002	ts0003	06/07/17	06/07/17
0002	何进	ts0004	现代经济	0002	ts0004	06/07/17	06/29/17
0003	周正	ts0005	雍正皇帝	0003	ts0005	06/07/17	/ /
0004	刘协	ts0006	大学计算机基础项目式教程	0004	ts0006	06/07/17	08/29/17
0005	杨休	ts0007	数据库应用基础	0005	ts0007	06/07/17	/ /
0006	施存	ts0008	大学英语四级考试	0006	ts0008	06/07/17	/ /
0007	司马郎	ts0005	雍正皇帝	0007	ts0005	06/07/17	/ /
0008	郭瞬	ts0008	大学英语四级考试	0008	ts0008	06/07/17	/ /
0001	王强	ts0001	软件工程	0001	ts0001	08/02/17	/ /

图 5-20　"视图 1"显示结果

5.6　本章小结

本章主要介绍了 SQL、查询设计和视图设计方法。利用 SQL 和查询设计器，可以实现各种形式的信息检索。视图是用户查看数据库中数据的一种方法，可以通过视图对源表进行更新。

思考与练习

1．参考 borrow 表和 reader 表的结构，请用 CREATE TABLE 命令创建 borrow 表和 reader 表。

2．请用 INSERT 语句在 book 表中插入一条记录——('ts0011','数据库应用基础','刘莹')，再用 UPDATE 命令将这条记录的图书编号改为'ts0010'，会出现什么结果？最后用 DELETE 命令将这条记录删除。

3．请用 SELECT 语句查询图书逾期记录，要求显示读者卡号、姓名、图书编号、书名、数量、逾期天数，并按照读者卡号升序排列，结果在浏览窗口中显示。

4．请用 SELECT 语句查询读者卡号为"0001"的借阅记录。

5．请用 SELECT 语句查询借阅过《雍正皇帝》的读者卡号和读者姓名。

6．统计 2017 年每个分院学生借阅数量的总和。

7．简述查询与视图的联系和区别。

8．建立商品表、销售表和员工表，关系模式如下。

商品(商品号 C(4),商品名称 C(20),单价 N(8,2),库存量 N(8))

销售(职工号 C(4),商品号 C(4), 数量 N(8))

职工(职工号 C(4),姓名 C(8), 性别 C(2), 出生日期 D)

9．对于第 8 题创建的 3 张表，用插入语句插入 6～10 行数据，注意插入的数据要满足后面的需要。

（1）查找职工号为"0001"的销售清单。

（2）查找销售商品号为"0001"的职工名单。

（3）查找商品号为"0002"的商品，并对其进行重命名。

（4）查询销售了商品的职工名单。

第6章

结构化程序设计

 本章主要内容

　　本章主要介绍结构化程序设计的相关内容，首先介绍程序设计的语言基础，包括常量、变量的类型及其基本使用方法，以及运算符和表达式的相关内容；再介绍程序设计的一些操作，包括程序文件的建立、运行等，以及一些常见的命令；最后是最核心的内容，介绍结构化程序设计的 3 种结构，即顺序结构、选择结构、循环结构，对这 3 种结构的格式、具体运用等进行了详尽介绍。

　　通过本章的学习，可以为图书管理系统的代码编写提供技术支持。

 本章难点提示

　　本章的难点是对选择结构、循环结构的理解和使用，以及多种程序结构的嵌套使用。

　　VFP 提供了一种程序执行方式,这种方式就是预先把需要执行的多条命令按一定的结构组成一个有机序列,并以文件的形式存储在磁盘中,这个文件就称为程序文件,这个序列的设计、编码和调试的过程就是程序设计。

　　结构化程序设计采用自顶向下、逐步求精和模块化的分析方法。自顶向下是指对设计的系统要有一个全面的理解,从问题的全局入手,把一个复杂问题分解成若干个相互独立的子问题。逐步求精是指程序设计的过程是一个渐进过程,先将一个子问题用一个程序模块来描述,再把每个模块的功能逐步分解细化为一系列的具体步骤。

6.1　语言基础

6.1.1　常量和变量

1．常量

　　在程序运行的过程中其值固定不变的量称为常量。常量用来表示一个具体的、不变的值。常量有以下几种数据类型。

　　(1)字符型:通常用来表示文本类型的信息。字符型数据由字母、数字、空格、符号和标点等一切可打印的 ASCII 字符和汉字组成,用 C 表示。字符最大长度为 254,一个字符占一个字节的存储空间,汉字也是字符,一个汉字占两个字节的存储空间。其定界符规定为 ' '、" "、[ ]。

　　字符型数据有'fox'、'杭州'、'12366'。

　　(2)数值型:由数字、小数点和正负号等组成,包括整数(1268)、小数(0.38)、负数(-112)、浮点数(148.931)、科学记数(1.2E-8)等。数值型数据用来进行数学运算。

　　数值型数据在内存中用 8 个字节表示,其取值是-0.9999999999E+20～0.9999999999E+20。

　　(3)逻辑型:表示逻辑判断结果的值。逻辑型数据只有两个值:逻辑值 True(真,即.T.)或逻辑值 False(假,即.F.)。例如,表达式 3>4 的运算结果为.F.。

　　(4)日期型:用于表示日期的特殊数据,系统默认的日期型格式是"月/日/年(mm/dd/yy)"。

　　日期型常量以{^yyyy-mm-dd}的形式来表示,如{^2017-10-01}表示 2017 年 10 月 1 日。

　　例如,在命令窗口中输入如下命令:

```
? {^2017-10-01}
```

　　执行结果如下:.

```
10/01/2017
```

　　(5)日期时间型:用来表示日期和时间的特殊数据,系统默认的日期时间型是"月/日/年 时:分:秒"。

　　日期时间型常量以{^yyyy-mm-dd hh:mm:ss }的形式来表示。

　　例如,在命令窗口中输入如下命令:

```
?{^2017-12-22 10:30:20 }
```

执行结果如下:

```
12/22/2017 10:30:20 pm
```

（6）货币型：货币单位数据，数字前加前置符号$。货币型数据在存储和计算时，采用 4 位小数，并将多余 4 位的小数四舍五入。例如，$123.45678 将存储为$123.4568。货币常量不用科学记数法形式，在内存中占 8 个字符，取值是-922337203685477.5807~922337203685477.5807。

2. 变量

在程序运行过程中，其值可以发生变化的量称为变量。变量的值是可以随时更改的。VFP 中有两类变量：一类是构成数据库表的字段名变量，另一类是独立于数据库以外的内存变量。给变量命名时，变量名应遵守以下原则。

① 以字母或汉字开头。

② 变量名中只能含有字母（汉字）、数字和下画线。

③ 变量名不能是 VFP 的保留字，如对象名、系统预先定义的函数名等。

（1）字段变量：数据库中定义的字段名。

字段名变量是指数据表文件中已定义好的任一数据项。在数据表中有一个记录指针，由它指向的记录定义为当前记录，字段名变量的值随着记录指针的移动而改变，如果一个数据表中有 20 条记录，则每一个字段名就有 20 个可取值。

（2）内存变量：不依赖数据库而独立存在的变量。

内存变量是内存中的一个存储单元，这个存储单元中存放的数据就是内存变量的值。内存变量由赋值语句定义，它的数据类型取决于赋值数据的类型。

内存变量是独立于数据库文件而存在的变量，用来存储数据处理过程中所需要的中间结果和最终结果。它参与计算处理，还可以作为控制变量，用来控制应用程序的运行。内存变量是一种临时工作单元，需要时可以临时定义，不需要时可以随时释放。

① 建立内存变量的格式如下。

格式 1：

```
<内存变量名>=<表达式>
```

格式 2：

```
STORE <表达式> TO <内存变量名表>
```

功能：在定义内存变量的同时确定内存变量的值和类型。

例如：

```
i=1
store 10 to i,j
```

② 显示内存变量的格式如下。

格式 1：

```
LIST / DISPLAY  MEMORY  [LIKE <通配符>]
```

功能：显示内存变量的当前信息，包括变量名、属性、数据类型、当前值及总体使用情况等。

说明：LIST 命令用于连续滚动显示，DISPLAY 命令用于分屏显示。

LIKE <通配符> 可用于有选择地显示部分和全部内存变量。通配符有两个："*" 代表所有的字符，"?" 代表任意一个字符。

例如：

```
I1=5
I2=10
list memo
Display memo
List  memo like   I*
```

格式 2：

```
?/ ?? [<表达式表>]
```

功能：换行在下一行起始处/在当前行的光标所在处，输出各表达式的值。

说明：无论有没有指定表达式表，"?" 都会输出一个回车换行符。如果指定了表达式表，则各表达式值将在下一行的起始处以标准格式输出各项表达式值。"??" 各表达式的值在当前行的光标所在处直接输出。

例如：

```
i=10
j=20
?i
??i,j
```

（3）数组变量：数组是一组有序数据值的集合，其中的每个数据值称为数组元素，每个数组元素可以通过一个数值下标引用。

若数组元素只有一个下标，则称为单下标变量，由单下标变量组成的数组称为一维数组。若数组元素有两个下标，则称为双下标变量，其中第一个下标为行下标，第二个下标为列下标，由双下标变量组成的数组称为二维数组。

格式：

```
DIMENSION /DECLARE <数组名1>(<数值表达式1>[,<数值表达式2>])[,<数组名2>(<数值表
达式1>[,<数值表达式2>]),…
```

例如：

```
DIMENSION A(8),B(3,4)
    A(1)=6
    A(5)=10
    B(1,2)="杭州"
```

6.1.2　表达式与运算符

Visual FoxPro 使用 5 种类型的运算符：算术、关系、逻辑、日期和字符运算符。

表达式是由同类型的各种数据（如常量、变量、函数）通过各种运算符连接起来的具有一定意义的式子。表达式的求值结果为单个值。

根据表达式运算结果的数据类型不同，表达式分为字符表达式、数值表达式、关系表达式、逻辑表达式、日期表达式。

当同一表达式中使用了几种运算符时，其优先级如下：

算术运算符→字符运算符→日期运算符→关系运算符→逻辑运算符

同一级别中的全部运算以从左至右的顺序进行，只有在使用了括号的情况下才能改变运算顺序。

1．数值表达式

数值表达式是由算术运算符将数值型数据连接起来的式子，其运算结果仍然是数值型数据。

算术运算符对表达式进行算术运算，产生数值型、货币型等结果。它包括 6 种运算符：+（加法运算）、-（减法运算）、*（乘法运算）、/（除法运算）、**或^（乘方运算）、()（优先运算符）。

运算优先级规则如下：先乘除，后加减，乘方优先于乘除，函数优先于乘方，圆括号的优先级别最高。同级运算时，从左至右依次运算。

2．关系表达式

关系表达式是由关系运算符将两个运算对象连接起来的式子，即<表达式 1><关系运算符><表达式 2>。关系表达式的运算结果是逻辑值真（.T.）或逻辑值假（.F.），关系表达式通常称为简单逻辑表达式。

关系运算符对两个表达式进行比较运算，产生逻辑结果（真或假）。它包括 8 种运算符：<（小于），<=（小于或等于），>（大于），>=（大于或等于），=（等于），<>、#、!=（不等于），$（子串包含运算），==（字符串精确比较）。

关系成立时值为.T.，否则值为.F.。

例如：

```
? 250>=300
.F.
? "ABC"<"BCD"
.T.
? CTOD("01/01/2017")<=CTOD("08/01/2017")
.T.
```

3．字符表达式

字符表达式是由字符运算符将字符型数据连接起来的式子，其运算结果仍然是字符型数据。

字符运算符对两个字符型数据进行包含及连接运算，它包括以下 3 个运算符。

1）包含运算符"$"

格式：

```
<子字符串>$<字符串>
```

功能：用于表示两个字符串之间包含与被包含的关系，参与运算的数据只能是字符型的。

如果<子字符串>被包含在<字符串>中时，则其结果为.T.，否则为.F.。

例如：

```
? "ST" $ "STRING"
.T.
? "this" $ "THIS IS A STRING"
.F.
```

2）字符串连接运算符"＋"

格式：

```
<子字符串>＋<字符串>
```

功能：用于把两个或两个以上的字符串连接成一个新的字符串。

3）压缩空格运算符"－"

格式：

```
<子字符串>－<字符串>
```

功能：将第一个字符串尾部的空格去掉，然后与第二个字符串连接成一个新的字符串，第一个字符串尾部的空格移动到新的字符串的末尾。

例如：

```
A="东方"
B="学院"
? A+B
东方  学院
? A-B
东方学院
```

4．逻辑表达式

逻辑表达式是由逻辑运算符将两个逻辑数据连接起来的式子，逻辑表达式的运算结果是逻辑值真或逻辑值假。

逻辑运算符对一个或两个逻辑型表达式进行逻辑运算，产生逻辑型结果（真或假）。它包括 3 种运算符：.AND.（逻辑与）、.OR.（逻辑或）、.NOT. 或！（逻辑非）。

运算优先级规则如下：逻辑非优先于逻辑与，逻辑与优先于逻辑或。

逻辑表达式实际上是一种判断条件，条件成立则表达式值为.T.；条件不成立则表达式值为.F.。

例如：

```
?.not. 5>10
```

5. 日期表达式

日期表达式是由算术运算符（+或-）将数值表达式、日期型常量、变量和函数连接起来构成的有意义的式子。其运算结果可能是日期型或数值型。

两个日期型数据可以相减，结果是一个数值，表示两个日期之间相差的天数。

日期型数据加上一个整数，其结果为一个新的日期型数据。

日期型数据减去一个整数，其结果为一个新的日期型数据。

例如：

```
?{^2017-09-18}-{^2017-09-01}
?{^2016-05-20}+31
```

6.2　程序文件设计

程序文件是为了解决实际问题而编写的命令集合。这些命令集合以一定的结构有序地编排在一起，并以文件的形式存储在磁盘中，这种文件称为命令文件或程序文件。在 VFP 中，命令文件的扩展名为.prg。程序设计指通过对实际问题的分析，确定解题方法（确定算法），并使用程序设计语言提供的命令或语句将解题算法描述为计算机处理的语句序列。

结构化程序设计的特点：目的性、分步性、有限性、可操作性、有序性。可以概括如下：只有一个入口；只有一个出口；没有死语句（永远执行不到的语句）；没有死循环（无限制的循环）。

结构化程序设计的3种基本结构：顺序、选择、循环。

结构化程序按程序规范书写为锯齿形结构。

6.2.1　程序的建立、修改和执行

1. 程序的建立、修改

程序的建立与修改有以下几种方法。

方法 1：使用编辑命令

格式：

```
MODIFY COMMAND <程序文件名>
```

功能：调用 VFP 的文本编辑程序建立和编辑程序。

说明：文件扩展名隐含为.prg。若文件不存在，则该命令将建立一个新的程序，只需在编辑窗口中依次输入程序指令即可。若程序文件已存在，则调用该文件进入编辑窗口，编辑前的文件保存在扩展名为.bak 的后备文件中。

方法 2：使用"文件"菜单

选择"文件"→"新建"（建立新程序）或"打开"（编辑已有程序）选项，弹出"新建"或"打开"对话框，选择程序文件后即可打开编辑窗口。

方法 3：使用项目管理器

在项目管理器的"代码"选项卡中选择"程序"文件后，单击"新建"或"修改"按钮。

若建立新的应用程序之后保存文件，则可以选择"文件"→"保存"选项，弹出"另存为"对话框，在其中指定合适的路径和文件名即可。

2．程序的执行

程序创建好以后，可以采用以下方法之一来执行程序。

（1）选择"程序"→"运行"选项，或在项目管理器中单击"运行"按钮。

（2）在命令窗口中输入以下命令：

```
DO  <文件名>
```

此时，系统将执行扩展名为 .fxp 或 .prg 的程序。

6.2.2　程序设计的基本命令

程序设计的基本命令很多，这里只介绍重要的几条命令。

1．程序注释语句

格式：
```
NOTE  [<注释>]
```
或
```
*[<注释>]
```

功能：对程序的结构或功能进行注释，提高程序的可读性。

2．语句行注释语句

格式：
```
&&[<注释>]
```

功能：在语句行末尾注释，对当前语句行进行说明。

3．清屏语句

格式：
```
CLEAR
```

功能：执行清屏操作。

4．常用环境设置语句

格式：

```
SET TALK ON/OFF
```

功能：打开或关闭系统交互对话显示方式，默认为打开显示。

5．单字符接收语句

格式：

```
WAIT [<字符表达式>][TO <内存变量>][WINDOW][TIMEOUT<数值表达式>]
```

功能：显示一条信息（字符表达式的值）并暂停程序执行，直到用户按键盘上的任意键或单击后，系统将该字符赋值给内存变量。

例如：

```
WAIT "继续查询吗?(Y/N)?"TO  JX
```

6．字符串接收语句

格式：

```
ACCEPT [<字符表达式>] TO <内存变量>
```

功能：显示一条信息（字符表达式的值）并暂停程序执行，接收用户从键盘上输入的字符串，当用户按 Enter 键结束输入后，系统将该字符串赋值给内存变量

例如：

```
ACCEPT "请输入要查找的人名" TO name
?name
```

7．数据接收语句

格式：

```
INPUT [<字符表达式>] TO <内存变量名>
```

功能：<字符表达式>是提示信息，可通过键盘输入数值型、字符型、日期型、逻辑型、货币型等数据给<内存变量>。

说明：若输入字符型数据，则一定要加定界符（与 ACCEPT 不同）。

例如：

```
INPUT "请输入出生日期: " TO RQ
    INPUT "请输入入学成绩: " TO CJ
```

```
?RQ,CJ
```

6.3　顺序结构

程序结构是指程序中命令或语句执行的流程结构。VFP 中提供了结构化程序设计和面向对象程序设计的两种方式。VFP 程序设计的 3 种基本结构（顺序结构、选择结构和循环结构）有一个共同的特征——每种结构严格地只有一个入口和一个出口。在程序设计语言中，利用这 3 种形式的控制结构，就可以实现绝大多数的数据处理方法。

1．案例描述

【例 6.1】建立一个读者信息查询程序文件。
【例 6.2】编写一个计算变速运动的程序。

2．知识链接

顺序结构是程序中最基本、最常见的结构。在顺序结构程序中，计算机严格按照语句排列的先后顺序逐条执行，即程序从第一条语句开始，依次执行下面的语句，直至执行到最后一条语句。顺序结构的执行情况如图 6-1 所示。

图 6-1　顺序结构的执行情况

3．案例实施

例 6.1 的实现代码如下。

```
SET TALK OFF
CLEAR
USE READER
ACCEPT  "请输入读者卡号： "  TO kh
LOCATE  FOR  读者卡号=kh
IF FOUND()
  DISPLAY
ELSE
? "无此卡号"
  ENDIF
```

```
USE
SET TALK ON
```

程序运行结果如下：

请输入读者卡号：0003

Record#	读者卡号	姓名	性别	电话	证件号码	分院	班级	生效日期	押金	备注
3	0003	周正	.F.	18368379495	1520400210	信息	15计算机2班	07/01/19	100	

请输入读者卡号：0002

记录号	读者卡号	姓名	性别	电话	证件号码	分院	班级	生效日期	押金	备注
2	0002	何进	.T.	18368373994	1420400215	信息	14计算机2班	07/01/18	100	

例 6.2 的实现代码如下。

```
SET TALK OFF
CLEAR
INPUT "汽车初速度(米/秒)：" TO v
INPUT "汽车加速度(米/秒 / 秒)：" TO a
INPUT "汽车行驶时间(秒)：" TO t
s=v*t+0.5*a*t^2
? "汽车行驶的距离：",s, "米"
SET TALK ON
```

程序运行结果如下：

```
汽车初速度(米/秒)：20
汽车加速度(米/秒 / 秒)：10
汽车行驶时间(秒)：10
汽车行驶的距离：700.000米
```

6.4 选择结构

在日常生活和工作中，常常需要对一些给定的条件进行分析、比较和判断，并根据判断结果采取不同的操作。计算机最重要的特点之一就是具有逻辑判断能力，它能根据不同的逻辑条件转向不同的程序，这些不同的转向就构成了选择结构，VFP 中提供的选择语句有 IF…ENDIF 和 DO CASE…ENDCASE。

6.4.1 简单分支语句（IF…ENDIF）

1．案例描述

【例 6.3】在某商场购物超过 200 元时可享受 8 折优惠。试编程根据输入的单价和数量计算应付的金额。

2. 知识链接

格式：

```
IF<条件表达式>
   <语句行序列>
ENDIF
```

功能：<条件表达式>可以是各种表达式的组合。当其值为"真"时，顺序执行<语句行序列>，再执行 ENDIF 后面的语句；当其值为"假"时，直接执行 ENDIF 后面的语句。该语句的执行过程如图 6-2 所示。

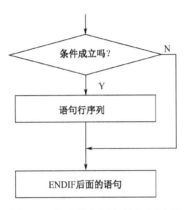

图 6-2　简单分支语句的执行过程

3. 案例实施

例 6.3 的实现代码如下。

```
SET TALK OFF
CLEAR
INPUT "数量: " To SL
INPUT '单价: ' To DJ
   JE=DJ*SL
IF JE>=200
   JE=JE*0.8
ENDIF
? '应付金额: ' + STR(JE,8,2)
SET TALK ON
```

程序运行结果如下：

```
数量: 10
单价: 50
应付金额: 400
```

6.4.2　选择分支语句（IF…ELSE…ENDIF）

1. 案例描述

【例 6.4】编写程序，计算以下分段函数的值。

$$y = \begin{cases} 1+2x & , x \geqslant 0 \\ 1-2x & , x < 0 \end{cases}$$

【例 6.5】求 X、Y、Z 这 3 个数中的最大值。

2. 知识链接

格式：

```
IF<条件表达式>
    <语句行序列1>
ELSE
    <语句行序列2>
ENDIF
```

功能：根据<条件表达式>的逻辑值，选择两个语句序列中的一个执行。当条件表达式值为"真"时，先执行<语句行序列 1>再转去执行 ENDIF 后面的语句；当条件表达式值为"假"时，先执行<语句行序列 2>再转去执行 ENDIF 后面的语句。该语句的执行过程如图 6-3 所示。

说明：

（1）IF 语句必须位于第 1 行，并以一个 ENDIF 语句结束。

（2）ELSE 子句是可选的。

（3）<语句行序列 1>或<语句行序列 2>可以是一个语句，也可以是多个语句。

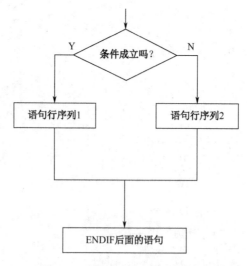

图 6-3　选择分支语句的执行过程

3．案例实施

例 6.4 的实现代码如下。

```
SET TALK OFF
CLEAR
INPUT "X=" TO X
IF X>=0
  Y=1+2*X
ELSE
  Y=1-2*X
ENDIF
? "Y=", Y
SET TALK ON
```

程序运行结果如下：

```
X=4
Y=9
```

例 6.5 的实现代码如下。

```
SET TALK OFF
CLEAR
INPUT "X=" TO X
INPUT "Y=" TO Y
INPUT "Z=" TO Z
IF  X>=Y
   IF X>=Z
     MAX=X
   ELSE
     MAX=Z
   ENDIF
ELSE
   IF Y>=Z
     MAX=Y
   ELSE
     MAX=Z
   ENDIF
ENDIF
?'X,Y,Z中最大的数值是',MAX
SET TALK ON
```

程序运行结果如下：

```
X=10
```

```
Y=30
Z=15
X,Y,Z中最大的数值是30
```

6.4.3 结构分支语句（DO…CASE…ENDCASE）

在处理多分支的问题时，虽然可以用 IF 语句嵌套的办法来解决，但是编写程序时容易出错。而结构分支语句采用缩格的形式编写，将该结构的入口与出口语句写在同一纵坐标位置上，使程序的结构层次清晰、简明，从而减少了编写程序的错误，增加了程序的可读性。

1．案例描述

【例 6.6】税务部门征收所得税的规定如下。

收入在 2000 元以内免征；

收入扣除 2000 元后：不超过 1000 元的部分，纳税 5%；

超过 1000 元而未超过 3000 元的部分，纳税 10%；

超过 3000 元的部分，纳税 20%。

【例 6.7】输入成绩，判断成绩等级，判断条件如下。

成绩>100 或者 成绩<0 时，提示"输入错误!"；

成绩>=90 并且成绩<=100 时，提示"优秀"；

成绩>=80 并且成绩<90 时，提示"良好"；

成绩>=70 并且成绩<80 时，提示"中等"；

成绩>=60 并且成绩<70 时，提示"及格"

成绩<60 时，提示"不及格"。

2．知识链接

格式：

```
DO CASE
      CASE<条件表达式1>
          <语句行序列1>
      CASE<条件表达式2>
          <语句行序列2>
          …
      CASE<条件表达式N>
          <语句行序列N>
      [OTHERWISE
          <语句行序列N+1>]
      ENDCASE
```

功能：根据 N 个条件表达式的逻辑值，选择执行 N+1 个语句行序列中的一个。系统执行 DO

CASE…ENDCASE 语句时，首先逐个检查每个 CASE 项中的条件表达式，只要遇到某个条件表达式的值为"真"，就去执行 CASE 项中的语句行序列，然后结束整个 DO CASE…ENDCASE 语句，并执行 ENDCASE 后面的语句。若所有中的 CASE 项中的条件表达式都为"假"，则执行 OTHERWISE 项中的语句行序列，然后执行 ENDCASE 后面的语句。在整个 DO CASE…ENDCASE 语句中，每次最多只有一个语句行序列被执行。在多个 CASE 项的条件表达式都为真时，系统只能执行位置在最前面的 CASE 项中的语句行序列。

3. 案例实施

例 6.6 的实现代码如下。

```
SET TALK OFF
CLEAR
INPUT "请输入收入金额: " TO R
DO CASE
  CASE R<=2000
    TAX=0
  CASE R<=3000
    TAX=(R-2000)*0.05
  CASE R<=5000
    TAX=1000*0.05+(R-3000)*0.1
  OTHERWISE
    TAX=1000*0.05+2000*0.1+(R-5000)*0.2
ENDCASE
? "收入","应纳税: ",TAX
SET  TALK ON
```

程序运行结果如下：

```
请输入收入金额: 6000
收入      6000  应纳税:     450.00
```

例 6.7 的实现代码如下。

```
SET TALK OFF
CLEAR
LEVEL=""
INPUT "请输入成绩: " TO CJ
DO CASE
  CASE CJ>100 OR CJ<0
    LEVEL="输入错误！"
  CASE CJ >= 90
    LEVEL="优秀"
  CASE CJ >= 80
    LEVEL="良好"
```

```
    CASE CJ >= 70
      LEVEL="中等"
    CASE CJ >= 60
      LEVEL="及格"
    OTHERWISE
      LEVEL="不及格"
  ENDCASE
  ? "你的成绩等级为：",LEVEL
  SET TALK ON
```

程序运行结果如下：

```
请输入成绩：95
你的成绩等级为：优秀
```

6.5　循环结构

在处理实际问题的过程中，往往需要重复某些相同的步骤，即对一段程序进行重复操作。实现重复操作的程序，称为循环结构程序。循环结构同选择结构一样，是程序设计中不可缺少的结构。VFP 提供了两种基本类型的循环：条件循环和计数循环。

6.5.1　条件循环 DO WHILE…ENDDO 语句

1．案例描述

【例 6.8】计算 1+2+3+…+100 的和。

【例 6.9】显示读者情况表中性别为男的记录。

【例 6.10】已知 $S=1+2+3+4+…+n$，求 S 的值大于或等于 6000 时 n 的值。

2．知识链接

格式：

```
DO WHILE<条件表达式>
  <语句行序列>
  [LOOP]
  <语句行序列>        循环体
  [EXIT]
  <语句行序列>
ENDDO
```

功能：重复判断<条件表达式>的逻辑值，当其值为"真"时，反复执行 DO WHILE 与 ENDDO

之间的语句；当其值为"假"时，退出循环，并执行 ENDDO 后面的语句。循环语句的执行过程如下。

(1) 当程序执行到 DO WHILE 时，计算条件表达式的值。

(2) 若条件表达式的值为"假"，则结束循环，执行 ENDDO 后面的语句。

(3) 若条件表达式的值为"真"，则执行 DO WHILE 与 ENDDO 之间的语句（循环体）。

(4) 当遇到 LOOP 或 ENDDO 时，返回到 DO WHILE 语句并重复执行步骤（1）～（3）。

(5) 当遇到 EXIT 时，结束循环，并执行 ENDDO 后面的语句。

3．案例实施

例 6.8 的实现代码如下。

```
SET TALK OFF
CLEAR
S=0
N=1
DO WHILE .T.
   IF N<=100
      S=S+N
      N=N+1
   ELSE
      ? "1+2+3+…+100=",S
      EXIT
   ENDIF
ENDDO
SET TALK ON
```

程序运行结果如下：

```
1+2+3+…+100=5050
```

在例 6.8 中，DO WHILE 语句中使用了逻辑值.T.为条件表达式，构成了一个永远不会自行结束的死循环。为了退出循环，必须在循环体内选用 EXIT、RETURN、CANCEL 等语句，这些语句应包含在分支语句中。

例 6.9 的实现代码如下。

```
SET TALK OFF
CLEAR
USE READER
DO WHILE .NOT. EOF()
   IF 性别 =.f.
      SKIP
      LOOP
   ENDIF
```

```
        ?读者卡号,姓名
        SKIP
   ENDDO
   USE
   SET TALK ON
```

程序运行结果如下：

```
   0001   王强
   0002   何进
   0005   杨休
   0007   司马郎
   0010   陈力群
```

在例 6.9 中，DO WHILE 语句使用了.NOT. EOF()条件表达式。EOF()为文件结束函数，当条件表达式.NOT. EOF()的逻辑值为假时，结束循环。

例 6.10 的实现代码如下。

```
   SET TALK OFF
   CLEAR
   S=0
   I=1
   DO WHILE S<=6000
       S=S+I
       I=I+1
   ENDDO
   ? "终止时n的值是",I
   SET TALK ON
```

程序运行结果如下：

```
   终止时n的值是   111
```

6.5.2　计数循环 FOR…ENDFOR(NEXT)语句

1．案例描述

【例 6.11】输出 10 以内的正偶数。
【例 6.12】求 $1×2×3×\cdots×n$ 的值。
【例 6.13】对于任意输入的 5 个汉字，使其按逆序输出。

2．知识链接

格式：

```
FOR<循环变量>=<循环起始值>TO<循环终止值>[STEP <步长>]
```

```
<命令序列>
ENDFOR(NEXT)
```

功能：重复执行 FOR…NEXT 之间的<命令序列>N 次。其中，N=INT(循环终止值−循环起始值)+1

执行该语句时，首先将初值赋给循环变量，然后判断循环条件是否成立(若步长为正值，则循环条件为<循环变量><=<循环终止值>；若步长为负值，则循环条件为<循环变量>=<循环终止值>)。若循环条件成立，则执行循环体，循环变量增加一个步长值，并再次判断循环条件是否成立，以确定是否再次执行循环体。若循环条件成立，则结束该循环语句，执行 ENDFOR(NEXT)后面的语句。

说明：

（1）<步长>的默认值为 1。

（2）<循环起始值>、<循环终止值>和<步长>都可以是数值表达式。但这些表达式仅在循环语句执行开始时被计算一次，在循环语句的执行过程中，初值、终值和步长是不会改变的。

（3）可以在循环体内改变循环变量的值，但这会影响循环体的执行次数。

（4）EXIT 和 LOOP 命令同样可以出现在该循环语句的循环体内。当执行到 LOOP 命令时，结束循环体的本次执行，循环变量增加一个步长值，并再次判断循环条件是否成立。

3．案例实施

例 6.11 的实现代码如下。

```
SET TALK OFF
CLEAR
FOR i=1 TO 10 STEP 2
    ?? i
ENDFOR
SET TALK  ON
```

程序运行结果如下：

```
2   4   6   8   10
```

例 6.12 的实现代码如下。

```
SET TALK  OFF
CLEAR
M=1
INPUT "请输入： " To n
FOR I=1 TO n
   M=M*I
ENDFOR
? M
SET TALK ON
```

程序运行结果如下：

```
请输入： 9
     362880
```

例 6.13 的实现代码如下。

```
SET TALK OFF
CLEAR
DIMENSION A(5)
*通过循环给数组A(1)～A(5)赋初值
FOR I=1 TO 5
    ACCEPT "请输入：" TO A(I)
ENDFOR
? "正序："
FOR I=1 TO 5
    ?? A(I)
ENDFOR
? "逆序："
FOR I=5 TO 1 STEP -1
    ?? A(I)
ENDFOR
SET TALK  ON
```

程序运行结果如下：

```
请输入：客
请输入：上
请输入：天
请输入：然
请输入：居
正序：客上天然居
逆序：居然天上客
```

6.5.3　条件循环 SCAN…ENDSCAN 语句

1. 案例描述

【例 6.14】使用 SCAN…ENDSCAN 循环来显示图书信息。

2. 知识链接

格式：
```
SCAN [范围]  [FOR<条件1>]  [WHILE<条件2>]
```

```
        <命令序列>
        [LOOP]
        <命令序列>
        [EXIT]
        <命令序列>
    ENDSCAN
```

功能：在当前表中，针对每个符合指定条件的记录，执行指定程序代码。若<范围>省略，则指数据表中的所有记录。

说明：

（1）FOR<条件 1>：只有符合条件的记录才进入循环，执行指定程序代码。

（2）WHILE<条件 1>：当条件不符合时即停止循环操作，执行 ENDSCAN 后面的语句。

（3）LOOP：当遇到 LOOP 时，返回到 SCAN 重新进行判断。

（4）EXIT：当遇到 EXIT 时，结束循环，执行 ENDSCAN 后面的语句。

3．案例实施

例 6.14 的实现代码如下。

```
SET TALK OFF
CLEAR
USE BOOK
CLEAR
SCAN FOR 出版社="电子工业出版社"
        ?图书编号,书名,作者
ENDSCAN
SET TALK ON
```

程序运行结果如下：

```
ts0003    软件质量保证与测试      王朔
ts0009    软件质量保证与测试      于倩
```

6.6　多种结构的嵌套

6.6.1　嵌套选择结构

1．案例描述

【例 6.15】计算出 1～100 之间的偶数之和。

2．知识链接

格式：

```
DO  WHILE <条件表达式> *或FOR I=A TO B STEP C 或SCAN
    <语句序列>
    IF  <条件表达式>
       <语句序列>
    ELSE
       <语句序列>
    ENDIF
    [EXIT]
    [LOOP]
ENDDO *或ENDFOR  或ENDSCAN
```

3. 案例实施

例 6.15 的实现代码如下。

```
SET   TALK OFF
CLEAR
S=0
FOR I=1 TO 100
  IF I/2=INT(I/2)
    S=S+I
  ENDIF
ENDFOR
? "S=",S
SET TALK ON
```

程序运行结果如下：

```
S=  2550
```

6.6.2 多重循环

1. 案例描述

【例 6.16】输出如图 6-4（a）所示的图形。

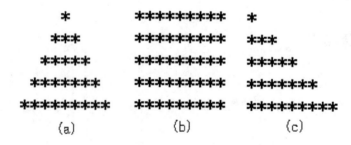

图 6-4 输出图形

【例 6.17】 输出以下九九乘法表。

```
1 * 1 = 1
2 * 1 = 2    2 * 2 = 4
3 * 1 = 3    3 * 2 = 6    3 * 3 = 9
4 * 1 = 4    4 * 2 = 8    4 * 3 = 12   4 * 4 = 16
5 * 1 = 5    5 * 2 = 10   5 * 3 = 15   5 * 4 = 20   5 * 5 = 25
6 * 1 = 6    6 * 2 = 12   6 * 3 = 18   6 * 4 = 24   6 * 5 = 30   6 * 6 = 36
7 * 1 = 7    7 * 2 = 14   7 * 3 = 21   7 * 4 = 28   7 * 5 = 35   7 * 6 = 42   7 * 7 = 49
8 * 1 = 8    8 * 2 = 16   8 * 3 = 24   8 * 4 = 32   8 * 5 = 40   8 * 6 = 48   8 * 7 = 56   8 * 8 = 64
9 * 1 = 9    9 * 2 = 18   9 * 3 = 27   9 * 4 = 36   9 * 5 = 45   9 * 6 = 54   9 * 7 = 63   9 * 8 = 72   9 * 9 = 81
```

2．知识链接

如果在一个循环程序的循环体内又包含着另一些循环，就构成了多重循环，或称循环嵌套。循环嵌套的层次不限，但内层循环必须完全嵌套在外层循环之中。使用多重循环处理复杂问题，会使程序的逻辑性更强、结构更简单。

下面给出循环嵌套的一般结构。

```
DO WHILE <条件表达式1>
    <语句行序列1>
    DO WHILE <条件表达式2>
        <语句行序列2>
        DO WHILE <条件表达式3>
            <语句行序列3>
        ENDDO
    ENDDO
ENDDO
```

3．案例实施

分析：要输出由字符构成的如图 6-4（a）所示的图形，可逐步分析如何实现。

（1）如果输出有 9 个"*"的一行字符，则可使用下面的代码来完成。

```
FOR J=1 TO 9
??"*"          && 输出不换行
ENDFOR
```

（2）如果要求输出 5 行 9 个"*"的平面图形，如图 6-4（b）所示，则只要在前面代码的外层加上一个循环，再加换行语句即可。其中，变量 I 是行号，用于控制输出的行数；变量 J 用于控制每行输出的"*"的个数。程序如下：

```
FOR I=1 TO 5      && 共5行
FOR J=1 TO 9      && 每行9个"*"
??"*"             && 输出不换行
ENDFOR
  ?               && 输出下一行前换行
ENDFOR
```

（3）如果要输出如图 6-4（c）所示的图形，则 1～5 行输出"*"的个数分别是 1、3、5、7、9。可以看出每一行"*"的个数与所在行号的关系为 2*I-1（I 为行号），即修改内循环的终值 9 为 2*I-1即可，其程序如下：

```
FOR I=1 TO 5
    FOR J=1 TO 2*I-1
        ??"*"
    ENDFOR
        ?
ENDFOR
```

要实现图 6-4（a）所示的结果，则要在每行之前空一定的位置，可以看出 1～5 行分别空出 4、3、2、1、0 个空格，空格个数与行号 I 的关系是 5-I，所以把原来的换行语句提到前面并改为?SPACE(5-I)，其程序如下：

```
SET TALK OFF
CLEAR
FOR I=1 TO 5
    ?SPACE(5-I)
    FOR J=1 TO 2*I-1
        ?? "*"
    ENDFOR
ENDFOR
SET TALK ON
```

例 6.17 的实现代码如下。

```
SET TALK OFF
CLEAR
N=1
DO WHILE N<=9
  M=1
  DO WHILE M<=N
    ?? STR(N,1),"*",STR(M,1),"=", STR(N*M,2) +"   "
    M=M+1
  ENDDO
  ?
  N=N+1
ENDDO
SET TALK ON
```

6.6.3 多重嵌套

多重嵌套是指循环中嵌套循环结构和选择结构。

1．案例描述

【**例 6.18**】百元买百鸡问题：假定公鸡每只 5 元，母鸡每只 3 元，小鸡 3 只 1 元。现在有 100 元要求买 100 只鸡，编程列出所有可能的购鸡方案。

2．知识链接

多重嵌套的一般结构如下。

```
DO  WHILE <条件表达式> *或FOR I=A TO B STEP C 或SCAN
    <语句序列>
    DO  WHILE <条件表达式> *或FOR I=A TO B STEP C 或SCAN
        <语句序列>
        IF  <条件表达式>
            <语句序列>
            ELSE
            <语句序列>
        ENDIF
        [EXIT]
        [LOOP]
    ENDDO *或ENDFOR  或ENDSCAN
ENDDO *或ENDFOR  或ENDSCAN
```

3．案例实施

分析：变量 I 代表公鸡，因为总共 100 元，所以最多只能买 100/5=20 只公鸡，所以循环变量 I 取值是整数 1～20；变量 J 代表母鸡，同理，其取值是整数 1～33；小鸡数量自然是 100−I−J。百鸡百钱，只要符合条件 $I*5+J*3+(100-I-J)/3=100$ 即可。

```
SET TALK OFF
CLEAR
FOR I=1 TO 20
  FOR J=1 TO 33
    IF I*5+J*3+(100-I-J)/3=100
    ?"公鸡",I,"只","母鸡",J,"只","小鸡",100-I-J,"只"
    ENDIF
  ENDFOR
ENDFOR
SET TALK ON
```

程序运行结果如下：

```
公鸡 4只    母鸡 18只   小鸡 78只
公鸡 8只    母鸡 11只   小鸡 81只
公鸡 12只   母鸡 4 只   小鸡 84只
```

6.7　子程序的定义与调用

6.7.1　子程序

子程序即使用一个单独程序文件存放子程序代码。

子程序的建立和程序文件的建立方法一样,可使用命令 MODIFY COMMAND <子程序文件名> 来建立,其扩展名也为.prg。

1．案例描述

【例 6.19】采用子程序调用的方法计算 $S=1!+2!+\cdots+10!$。

2．知识链接

格式:

```
DO <子程序文件名>   [WITH<实际参数表>]
```

功能:调用<子程序文件名>所指定的子程序。

3．案例实施

分析:通过题目可以看到要求若干循序递增自然数的阶乘之和,可以把求某个数的阶乘作为一个子程序单独形成一个文件 JC.prg,主程序中再通过“DO　JC　WITH　N”命令去调用此子程序以获得 N 的阶乘的值 P。

```
*主程序MAIN.prg
SET TALK OFF
CLEAR
STORE 0 TO  P,S
FOR N=1 TO 10
    DO  JC  WITH  N
    S=S+P
ENDFOR
?"SUM=",S
SET TALK  ON

*子程序 JC.prg
PARAMETERS X
P=1
FOR M=1to X
    P=P*M
ENDFOR
RETURN
```

程序运行结果如下：

```
SUM=   4037913
```

6.7.2　过程的定义与调用

1．案例描述

【例 6.20】采用过程调用的方法计算 $S=1!+2!+3!+\cdots+M!$。

2．知识链接

1）过程的定义
格式：

```
PROCEDURE  <过程名>
    [PARAMETERS  <形式参数表>]
    [LPARAMETERS <形式参数表>]
    <语句序列>
    [RETURN][ RETURN TO MASTER]
[ENDPROC]
```

2）过程文件
（1）过程文件的建立。过程文件的扩展名也为.prg。

```
MODIFY COMMAND <过程文件名>
```

（2）过程文件的打开。主程序调用过程文件的过程前，必须打开过程文件。

```
SET PROC TO [<过程文件名1>,…]
```

（3）过程文件的关闭。在全部过程调用结束后，需要关闭过程文件。

```
SET PROCEDURE TO
```

3）过程的调用
格式：

```
DO <过程名>  [WITH<实际参数表>]
```

功能：调用<过程名>所指定的过程。
若过程定义时放在主程序代码的后面，则可直接调用。
若过程放在过程文件中，则调用前需用 SET PROCEDURE TO 命令打开过程文件。

3．案例实施

分析：例 6.20 与例 6.19 有两个区别——10! 变成了 $M!$，即在主程序中需要输入 M 的值；使用过程来实现。例 6.19 中主程序和子程序分别是一个单独的文件，而在本例中，要将主程序和子程序写在同一个程序中，用"PROC　JC"命令调用过程，并用 ENDP 结束过程。

```
SET TALK OFF
ClEAR
STORE  0 TO P,S
INPUT "请输入M的值: " TO M
FOR N=1 TO M
    DO JC WITH  N
    S=S+P
ENDFOR
?"SUM=",S


PROC　JC
PARAMETERS X
P=1
FOR M=1 TO X
    P=P*M
ENDFOR
RETURN
ENDP
SET TALK ON
```

程序运行结果如下：

```
请输入M的值: 11
SUM=　 43954713
```

6.7.3　变量的作用域

程序设计离不开变量，变量可分为公共变量、私有变量和局部变量 3 种。

1．公共变量

公共变量是指在所有程序模块中都可以使用的内存变量。公共变量要先建立后使用。

使用 PUBLIC 语句定义的变量是全局变量，它可以在所有程序中起作用，而在程序运行结束后，该变量仍然存在于内存中。

格式：

```
PUBLIC <内存变量名表>
```

作用域：VFP 中的所有程序。

2．私有变量

用 PRIVATE 语句定义的变量是私有属性的。

定义格式：PRIVATE <内存变量列表>

作用域：该程序及其调用的下属子程序。

特殊功能：可屏蔽（隐藏）上级（主）程序中与当前程序同名的变量，即对当前程序中变量的操作，不影响上级（主）程序与当前程序同名的变量值。

3．局部变量

在程序的一定范围内起作用的变量称为局部变量，在程序运行结束后，局部变量被释放。局部变量有 3 种属性：自然属性、私有属性和本地属性。

（1）通过赋值、计算等语句得到的变量都是自然属性。

格式：

```
STORE/=、DIMENSION、DECLARE、INPUT、SUM等。
```

作用域：产生变量的程序及其调用的下属子程序。

（2）使用 PRIVATE 语句定义的变量是私有属性的。

格式：

```
PRIVATE <内存变量列表>
```

作用域：该程序及其调用的下属子程序。

特殊功能：可屏蔽（隐藏）上级（主）程序中与当前程序同名的变量，即对当前程序中变量的操作，不影响上级（主）程序与当前程序同名的变量值。

（3）使用 LOCAL 语句定义的变量是本地属性的。

格式：

```
LOCAL <内存变量列表>
```

作用范围：产生变量的程序本身。

特殊功能：可屏蔽上级（主）程序与当前程序同名的变量，即对当前程序变量的操作，不影响上级（主）程序与当前程序同名的变量值，也不受下属子程序同名内存变量值的影响。

6.7.4　自定义函数的定义与调用

在 VFP 中，函数分为标准函数和自定义函数两类。标准函数是系统已经定义好的模块，用户可直接调用，如 LEN()、LEFT()、DATE()等各种函数。自定义函数则根据需要来编写。

1．案例描述

【例 6.21】调用自定义函数计算 $S=1!+2!+\cdots+10!$。

【例 6.22】通过图书管理系统中欠费情况查询的设计，输入读者卡号可以判断读者是否逾期，逾期时输出读者因逾期需要支付的费用（用大写的人民币格式来表示）。

2. 知识链接

（1）自定义函数的定义格式如下。

```
FUNCTION  <函数名>
    [PARAMETERS <形参表>]
    [LPARAMETERS <形式参数表>]
    <语句序列(函数体)>
RETURN  <表达式>
[ENDFUNCTION]
```

（2）自定义函数的调用。自定义函数同标准函数一样，可以作为运算对象出现在表达式中。
格式：

```
函数名 ([<实际参数表>])
```

若自定义函数放在主程序代码的后面，则可直接调用。

3. 案例实施

例 6.21 的实现代码如下。

```
SET TALK OFF
CLEAR
S=0
FOR N=1 TO 10
    S=S+JC(N)
ENDFOR
?"SUM=",S
FUNCTION  JC
  PARAMETERS  X
  P=1
  FOR  M=1 to X
      P=P*M
  ENDFOR
  RETURN P
ENDFUNCTION
```

程序运行结果如下：

```
SUM=   4037913
```

例 6.22 的实现代码如下。

分析：此程序用到 borrow 表和 reader 表，先在 borrow 表中计算出单次借书记录的欠费，在"欠费"字段中保存，再输入读者考号，汇总该读者的欠费总额并保存到 qkje 变量中，最后调用 cash 函数进行转换。

　　cash 函数是这样实现的：先对金额进行四舍五入，保留 2 位小数，再将其*100，使其变为整数，从右到左逐个取出数码，并转换为大写，同时加上汉字单位（分、角、元等）。当取剩的值等于 0 时即完成。本例采用永真循环，当取剩的值等于 0 时退出循环。

```
SET TALK OFF
CLEAR
SELE 1
USE BORROW
SELE 2
USE  READER
SELE 1
GO TOP
DO WHIL NOT EOF()
  IF归还状态=.F.
    QF=(DATE()-借阅日期)*0.1
    REPL 欠费  WITH QF
  ENDIF
  SKIP
ENDD
ACCEPT "请输入读者卡号: " to  KH
SUM  欠费 TO QKJE FOR 读者卡号=KH
IF QKJE>0
  SELE 2
    LOCATE FOR读者卡号=KH
?分院+"分院"+姓名+"同学"+"你所借图书已逾期，欠费总额为", CASH(QKJE)
ELSE
  ? "正常，不欠费"
ENDIF


FUNCTION CASH
PARAMETERS X                        &&X用于接收数值表达式的值
C1="零壹贰叁肆伍陆柒捌玖"            &&转换用的大写数字
C2="分角元拾佰仟万拾佰仟亿"          &&转换用的汉字单位
M=ROUND(X,2)                        &&对X进行四舍五入，保留2位小数
M=M*100                            &&将M变为整数
I=0                                &&循环变量I赋初值0，用于控制金额单位
C=SPACE(0)                          &&字符串累加器赋值
DO WHILE .T.                        &&永真循环，用于逐个拆字符
  N=MOD(M,10)                        &&将M最右边的数码拆下来并赋给变量N
  P1=SUBSTR(C1,2*N+1,2)              &&将N转换为大写数字并赋给变量P1
  P2=SUBSTR(C2,2*I+1,2)              &&从右边取第I个汉字单位并赋给变量P2
  C=P1+P2+C                          &&组合汉字P1、P2到C中
  I=I+1                            &&每拆一个数码，循环变量I递增1
```

```
       M=INT(M/10)              &&M最右边的数码拆去后剩下的值再赋给M
    IF  M=0                     &&M=0表示所有数码拆完
        EXIT                    &&拆完就退出循环
    ENDIF
 ENDDO
 RETURN C                       &&输出转换后的中文大写金额
 ENDFUNCTION
 SET TALK ON
```

程序运行结果如下：

请输入读者卡号：0005

工商管理分院 杨林同学你所借图书已逾期，欠费总额为叁拾贰元捌角零分

思考与练习

1．常用的数据类型有哪几种？试举例说明。

2．结构化程序设计的特点是什么？程序编写的规范是怎样的？

3．选择结构有哪几种？分别适合解决什么样的问题？

4．循环结构有哪几种？各自有什么特点？

5．子程序、过程文件、函数之间有哪些不同之处？

6．编写程序，从键盘上输入一个年份，判断它是否为闰年。

7．编写程序，输入一个百分制成绩，要求输出成绩等级 "A" "B" "C" "D" "E"。成绩等级的规则如下：90 分以上为 "A"，80～89 分为 "B"，70～79 分为 "C"，60～69 分为 "D"，60 分以下为 "E"。

8．编写程序，从键盘上输入一个正整数 M，计算 M 内（包括 M）所有偶数之和。

9．编写程序，从键盘上输入 5 个数，找出其中的最大数和最小数。

10．编写程序，输入一个 3 位自然数，判断该数是否为水仙花数。所谓水仙花数，是指一个 3 位自然数，其各位数字立方和等于此数本身。例如，153 是水仙花数，因为 $153 = 1^3 + 5^3 + 3^3$。

11．先编写一个自定义函数，用于判断一个自然数是否为素数，并返回一个逻辑值，再编写主程序，调用自定义函数求 100～200 中的所有素数。

第7章

表单设计

 本章主要内容

第 6 章介绍了面向过程程序设计的基本内容，VFP 不仅支持面向过程程序设计，还支持面向对象程序设计。

本章主要通过介绍面向对象程序设计的基本内容，让学生了解对象、属性、事件、方法等基本概念，学会使用标签、文本框、编辑框、组合框、命令按钮、复选框、选项按钮组、计时器、表格、列、标头等常用控件。

通过本章的学习，为第 8 章综合案例的设计打下基础。

 本章难点提示

本章的难点如下：通过了解面向对象程序设计与结构化程序设计的本质区别，真正掌握面向对象程序设计的基本内容；能够根据实际需求正确选择控件、设置控件属性、编写控件的事件代码。

在 VFP 9.0 中，表单就是屏幕界面，或者称为窗体，是用户与应用系统直接交互的界面，是 Windows 应用程序不可缺少的部分。各种对话框和窗口都是表单的不同表现形式。可以用表单对象来设计表单，并向表单添加控件。本章通过各种案例，并结合"图书管理系统"学习以下内容。

（1）熟悉表单的概念。

（2）掌握设置数据环境的方法。

（3）掌握控件的使用方法。

（4）掌握单表表单的设计方法。

（5）掌握多表表单的设计方法。

7.1　表单基础

表单设计体现了 VFP 面向对象的特点，涉及的概念比较多，下面分别进行讲解。

7.1.1　基本概念

1．对象

对象是客观世界存在的具体事物。在 VFP 中，表单及各种控件都是对象。每个对象都有自己的属性、事件和方法。表单程序设计实际上就是设计和使用对象。

2．VFP 基础类

VFP 基础类主要包括表单和各种常用的基本控件，表 7-1 列出了 VFP 的基础类。

VFP 基础类可分为两部分：容器类和控件类。容器类的实例称为容器对象，控件类的实例称为控件对象。VFP 常用容器及容器包含的对象如表 7-2 所示。

表 7-1　VFP 的基础类

类　名	说　明	类　名	说　明
ActiveDoc	活动文档	CheckBox	复选框
Column	列（表格对象）	ComboBox	组合框
CommandButton	命令按钮	CommandGroup	命令按钮组
Container	容器	Control	控件
Custom	自定义	Editbox	编辑框（多行文本框）
Form	表单	FormSet	表单集
Grid	表格	Header	标头（表格对象）
Hyperlink	超级链接	Image	图像
Label	标签	Line	线条
ListBox	列表框	OLEBoundControl	OLE 绑定控件
OLEContainer	OLE 容器控件	OptionButton	单选按钮

类　名	说　明	类　名	说　明
OptionGroup	单选按钮组	Page	页
PageFrame	页框	ProjectHook	项目挂钩
Separator	分隔	Shape	形状
Spinner	微调控件	TextBox	文本框
Timer	计时器	ToolBar	工具栏

表 7-2　VFP 常用容器及容器包含的对象

容　器	可包含对象
命令按钮组	命令按钮
容器	任意控件
表单集	表单、工具栏
表单	页框、任意控件、容器或自定义对象
表格	表格列
单选按钮组	单选按钮
页框	页
页面	任意控件、容器或自定义对象

3．对象的属性、方法、事件

1）对象属性

对象属性用于描述对象特征，不同对象可以通过不同的属性来区分，常用的对象属性有名称、标题、可见性、可用性等。通过设置对象的属性，可定义对象的外观或行为。

2）对象方法

对象方法用于描述对象的行为，与子程序类似，用于执行特定操作，其语法格式如下：

```
对象名称.方法名
```

例如：

```
Thisform.Release              &&释放表单
Thisform.Text1.Setfocus       &&文本框获得焦点
```

3）对象事件

事件是指 VFP 预先定义好的、能够被对象识别的操作。例如，单击鼠标、双击鼠标、按键盘上的键等都是事件。每个对象都有一组可以识别的事件，如初始化、单击、按回车键等事件。

事件是 VFP 预先定义好的，事件过程代码则由用户编写。因此，完成表单设计的主要任务就是界面设计和代码编写。

4．表单

表单即屏幕界面，是用户与应用系统直接交互的界面。

5. 表单的常用属性

1）Name

Name 属性表示对象的名称，表单的默认名称是 Form1、Form2、Form3 等。

2）Caption

Caption 属性用于设置表单标题，表单的默认标题是 Form1、Form2、Form3 等。

注意：不要和 Name 属性搞混。一般情况下，任何对象的 Name 属性都不做修改。

3）Visible

Visible 属性用于设置表单是否可见，其默认值为.T.，表示表单可见；属性值为.F.时，表示不可见。

4）Width

Width 属性用于表示表单宽度的像素值。

6. 表单的常用事件

Init 事件：表单的初始化操作通常放在 Init 事件代码中。

7. 表单的常用方法

1）Setall 方法

Setall 方法用于将表单某类控件设置同一属性值。

格式：

```
Thisform.Setall（属性名,属性值,控件名）
```

例如：

```
Thisform.Setall("value", "", "textbox")
```

说明：将表单所有的 textbox（文本框）的 value 属性（当前值）设为空串。

2）Release 方法

Release 方法用于释放表单，结束运行。

格式：

```
Thisform.Release
```

3）Refresh 方法

Refresh 方法用于刷新表单。

格式：

```
Thisform.Refresh
```

8. 数据环境

表单的数据环境包含与表单交互作用的表和视图，以及表单所需要的表与表之间的关系。数据环境同表单一起保存，在打开或运行表单时，自动打开表或视图；在关闭或释放表单时，自动关闭相关表或视图。

9．单表表单

单表表单文件的数据环境包含一张表。

10．多表表单

多表表单文件的数据环境包含两张以上的表。

11．表单设计器

表单设计器是设计表单的主要工具，是完成表单界面设计的场所。在表单设计器中，通过将控件添加到表单中、设置控件属性来完成界面设计。

12．相对引用和绝对引用

在表单设计过程中，需要对表单控件进行引用，控件的引用分为绝对引用和相对引用两类。绝对引用是指从容器的最高层开始引用，本章一般通过当前表单（Thisform）开始引用；相对引用表示从当前对象开始引用，本章一般通过 This 开始引用。因此，使用相对引用时一定要特别注意当前对象 This 是哪个控件。

7.1.2　表单基本操作

1．创建表单

在 VFP 中，可以使用表单设计器或表单向导创建表单。表单文件的扩展名为.scx，计算机会产生同名的扩展名为.sct 的文件，即表单备注文件，二者缺一不可。

1）启动表单设计器创建表单

在项目管理器的"文档"选项卡中选择"表单"选项，单击"新建"按钮。

或者选择"文件"→"新建"选项，弹出"新建"对话框，选中"表单"单选按钮，单击"新建文件"按钮，启动表单设计器。

2）使用表单向导创建表单

在项目管理器的"文档"选项卡中选择"表单"选项，单击"新建"按钮，弹出"新建表单"对话框，单击"表单向导"按钮，弹出"向导选取"对话框，如图 7-1 所示。

在"向导选取"对话框的"选择要使用的向导"列表框中双击需要使用的"表单向导"，或者选择"表单向导"选项后单击"确定"按钮，启动表单向导。

图 7-1　"向导选取"对话框

2．修改表单

如果要修改表单，可以用下列方法启动表单设计器。

（1）在项目管理器的"文档"选项卡中选中要修改的表单，单击"修改"按钮。

（2）选择"文件"→"打开"选项，弹出"打开"对话框，在"查找范围"下拉列表中选择表单所在的文件夹，在"文件类型"下拉列表中选择"表单（*.scx）"选项，双击需要修改的表单，或者选中表单后单击"确定"按钮，启动表单设计器。

3．运行表单

运行表单可使用下列方法之一。

（1）单击常用工具栏中的 ┆!┆ 按钮。

（2）选择"表单"→"执行表单"选项。

（3）在表单设计器中右击，在弹出的快捷菜单中选择"执行表单"选项。

（4）在项目管理器的"文档"选项卡中选择要执行的表单，单击"运行"按钮。

（5）选择"程序"→"运行"选项，弹出"运行"对话框，在"文档类型"下拉列表中选择"表单"选项，在文件列表框中选中表单后单击"运行"按钮，即可运行表单。

4．在属性窗口中设置属性

添加到表单中的控件一般需要设置相关属性，VFP 赋予控件相应的默认属性值，用户可以在其属性窗口中修改控件的属性值。

右击某控件，即可打开该控件的属性窗口，包括"全部""数据""方法程序""布局""其他"等选项卡，如图 7-2 所示。其中，"数据"选项卡列出了控件的所有属性，"方法程序"选项卡列出了控件的所有方法程序。

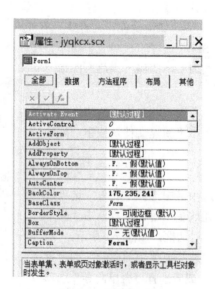

图 7-2　属性窗口

5. 在事件代码中设置属性

1）使用表达式或函数设置属性
格式：

```
对象名称.属性名称=属性值
```

例如：

```
Thisform.Caption="图书管理系统"
&&将当前表单的标题设置为"图书管理系统"
Thisform.Label.Caption="请输入任意自然数；"
&&为当前表单包含的标签控件的Caption属性设置文本"请输入任意自然数；"
```

这里的 Thisform 是指当前表单。
2）设置一个对象的多个属性
格式：

```
WITH  <对象名>
    .属性1=属性值
    .属性2=属性值
        ......
ENDWITH
```

6. 表单控件工具栏

表单控件工具栏列出了表单设计中可用的控件，如图 7-3 所示。本章学习的重点就是了解、熟悉这些控件。

图 7-3　表单控件工具栏

单击表单设计器工具栏中的 ![按钮] 按钮或选择"显示"→"表单工具栏"选项，可打开或隐藏表单控件工具栏。

单击表单控件工具栏中的某一控件按钮，将光标移动到表单中放置控件的位置并单击，即可将该控件添加到该位置。

7. 启动数据环境设计器

启动数据环境设计器可使用下列方法之一：

（1）单击表单设计器中的 ▣ 按钮。

（2）选择“显示”→“数据环境”选项。

（3）在表单设计器任意位置右击，在弹出的快捷菜单中选择“数据环境”选项。

8. 在数据环境设计器中添加表或在数据环境设计器中删除已有的表

（1）右击数据环境设计器的空白处，在弹出的快捷菜单中选择“添加表”选项。

（2）右击数据环境设计器中已有的表，在弹出的快捷菜单中选择“移去表”选项。

9. 设置数据环境设计器中表的属性

添加到数据环境设计器中的表为临时表（Cursor）对象，具有自己的属性、事件和方法。临时表的 Exclusive 属性用于设置临时表是否独占使用。如果要通过临时表修改数据，则必须将 Exclusive 属性值设为.T.，即以独占方式打开原始表。

10. 设置数据环境设计器中临时表的关系

如果数据表已经在数据库中添加了永久关系，则这些关系会自动添加到数据环境设计器中。也可以在数据环境设计器中为表添加临时关系，即在数据环境设计器中将字段列表框中的字段拖曳到另一个字段列表框的字段上。如果关联字段没有创建索引，则 VFP 会弹出打开一个对话框为其创建索引。

两个表之间的连接线就代表临时关系。若要删除关系，可以选中关系连接线，并按 Delete 键。

11. 为表单添加字段

在数据环境设计器中将字段或表拖曳到表单上，VFP 就会自动创建相应的控件。

12. 代码编辑窗口

代码编辑窗口用于编写控件的事件过程代码，如图 7-4 所示。

```
对象(B): Command1            ▾   过程(R): Click            ▾
    APPEND BLANK
    REPLACE 读者卡号 WITH ALLTRIM(thisform.text1.Value)
    REPLACE 姓名  WITH ALLTRIM(thisform.text2.Value)
    IF thisform.optiongroup1.Value=1
        REPLACE 性别 WITH .t.
    ELSE
        REPLACE 性别 WITH .f.
    ENDIF
    REPLACE 班级 with ALLTRIM(thisform.combo2.displayValue )
    REPLACE 电话 WITH ALLTRIM(thisform.text3.value)
    REPLACE 分院 WITH ALLTRIM(thisform.combo1.DisplayValue)
    REPLACE 证件号码 WITH ALLTRIM(thisform.text4.Value )
    REPLACE 失效日期  WITH CTOD(ALLTRIM(thisform.text5.value))
    REPLACE 备注 WITH thisform.edit1.Value
    REPLACE 押金  WITH VAL(ALLTRIM(thisform.text6.value))
    MESSAGEBOX('保存成功!')
```

图 7-4　代码编辑窗口

可用下列方法之一打开代码编辑窗口。

（1）在表单设计器中双击表单空白位置或双击某个控件。

（2）单击表单设计器工具栏中的 ✎（代码窗口）按钮。

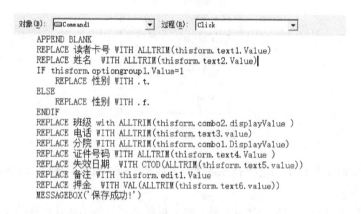

（3）选择"显示"→"代码"选项。

代码编辑窗口中包含一个"对象"下拉列表和一个"过程"下拉列表。先在"对象"下拉列表中选择控件对象，再在"过程"下拉列表中选择事件过程名称，最后在代码窗口中编写代码。

7.1.3　表单设计基本过程

表单的设计过程一般分为以下 3 步。

（1）根据任务选择合适的对象并放置在表单的合适位置。

（2）使用属性窗口或事件代码设置相关对象的特色属性，这些属性通常是静态的。

（3）根据操作的需要选择对象事件并为对象的事件编写代码。

7.1.4　控件的基本操作

在表单设计器中设计表单时，需要对表单的控件执行选择、复制、移动、删除、改变大小、布局等操作。

1．选择控件

对于单个控件，单击即可将其选中。按住 Shift 键单击控件，可同时选中多个控件，也可拖曳鼠标框选控件。

2．复制控件

选中控件后，先选择"编辑"→"复制"选项或按 Ctrl+C 组合键复制控件，再选择"编辑"→"粘贴"选项或按 Ctrl+V 组合键在表单中粘贴控件。

3．移动控件

选中控件后，使用鼠标将控件拖曳到合适位置。

4．删除控件

选中控件后，选择"编辑"→"剪切"选项或按 Ctrl+X 组合键、Delete 键即可删除控件。

5．改变控件大小

选中控件，拖曳控件边框上的控制点即可调整控件的大小，也可在属性窗口中设置 Height（高度）、Width（宽度）属性来调整控件的大小。

6．控件布局

使用布局工具栏或选择"格式"菜单中的选项可调整控件的大小和位置。

7.1.5　表单数据的输入和输出

表单设计与结构化程序设计最大的不同就是其对数据输入、输出的处理是不一样的。表单的数据输入和输出通常通过控件来完成。

1．数据输入

表单通常使用文本框或其他控件输入数据。文本框控件的 Value 属性可返回文本框中输入的数据。例如，用户可以通过文本框在表单中直接实现数据的输入，该输入值被赋给变量 Mo。

Mo=Thisform.Text1.Value

该属性值默认是字符型，如果需要输入其他类型的数据，则可以使用 VAL()、CTOD()等函数转换数据类型。

2．数据输出

（1）表单中的结果可以通过标签、文本框等控件输出。

例如，下面的两个语句分别将变量 No 的值通过标签和文本框输出。

Thisform.Label1. **Caption**=No

Thisform.**Text2.** Value=No

（2）表单中也常用 messagebox()函数显示计算结果或提示信息，函数的语法格式如下：

```
Messagebox(提示信息[，对话框类型[，对话框标题]])
```

7.1.6　错误处理

当运行表单时，如果有错误，则可以通过以下步骤打开编辑窗口。

（1）运行表单，弹出错误提示对话框，如图 7-5 所示。

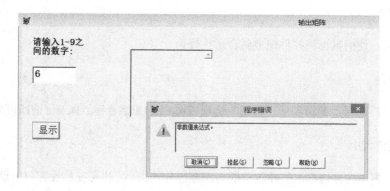

图 7-5　错误提示对话框 1

"取消"：停止程序运行。

"挂起"：暂停程序运行。

"忽略"：忽略错误继续运行。

"帮助": 显示帮助信息。

（2）单击"挂起"按钮，在调试窗口中选择"调试"→"定位修改"选项，询问"取消程序并且从内存中移除对象吗？"，单击"是"按钮，分别如图 7-6 和图 7-7 所示。

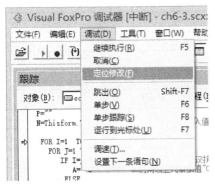

图 7-6　调试窗口

图 7-7　错误提示对话框 2

（3）修改错误语句，反复运行，直到正确。

注意：代码语句包含的所有符号，包括逗号、引号、括号等都必须是英文状态的，如果输入时未注意，就会导致语句出错，这也是很多编程者语句出错的原因。

7.2　控件对象

表单是一个容器，需要在其中添加各种控件来构成应用程序界面，因此要掌握控件，并熟悉控件的使用、属性、方法和事件。

VFP 的常用控件对象包括标签、命令按钮、文本框、编辑框、复选框、列表框、组合框等。

7.2.1　标签控件

1．案例描述（源程序：CH7-1.scx）

【**例 7.1**】设计一个表单文件实现素数判断，表单标题为"判断素数"，表单通过标签 Label1、Label2 输出两行文本"请输入任意自然数："、"该数"，文本为 16 号、宋体、加粗、居中对齐，如图 7-8 所示。

2．知识链接

（1）标签图标：。

（2）功能：用于显示较短的固定的文本内容。

（3）标签的常用属性：如表 7-3 所示。

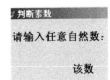

图 7-8　标签应用举例

表 7-3 标签的常用属性

属　性	说　明
Name	指定控件名称，运行时不能修改该属性
Caption	由标签显示的文本
AutoSize	确定是否根据标题的长度来调整控件的大小
WordWrap	设置 AutoSize 为.T.时，字体是水平扩展还是垂直扩展
Alignment	文本对齐方式
Left	控件距离表单左端的像素值
Fontbold	用于设置文本是否为粗体，.T.表示加粗，.F.表示不加粗，默认.F.
Forecolor	用于设置文本的字体颜色，默认的黑色
Fontname	用于设置文本的字体，默认为宋体
Fontsize	用于设置文本的字号，默认为 9

3．案例实施

① 启动表单设计器，创建表单 CH7-1。

② 添加控件 Label1、Label2，设置 Form1 的 Caption 为"判断素数"，Label1、Label2 的 Caption 属性分别为"请输入任意自然数："、"该数"，Fontsize 为 16，Fontbold 为.T.，Aligment 为居中。

7.2.2　文本框控件

1．案例描述（源程序：CH7-2.scx）

【例 7.2】设计一个表单以完成口令判断，具体要求如下：①表单的标题为"口令验证窗口"；②用户输入口令时，表单的显示内容以"*"代替具体内容；③输入完口令后按 Enter 键，口令正确则显示"欢迎使用本系统！"，不正确则要求重新输入口令，正确的口令是"ABC"。其设计界面如图 7-9 所示，运行界面如图 7-10～图 7-12 所示。

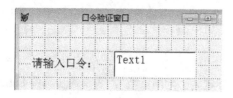

图 7-9　设计界面

图 7-10　初始运行界面

图 7-11　口令正确界面

图 7-12　口令错误界面

2．知识链接

（1）文本框图标：![abl]。

（2）功能：用于输入或输出（显示）数据。通常将文本框绑定到字段上，从而显示或编辑记录数据。

（3）常用属性如下。

① Value 属性：引用文本框的当前值。

② SelectOnEntry 属性：当文本框用于输入时需要设置此属性为.T.，表示输入的唯一性，即每次新输入的值取代前面的输入值。

③ Passwordchar 属性：设置文本框显示数据使用的替换字符。一般在创建口令输入文本框时，可设置该属性为某字符，从而隐藏用户输入的口令。

通常，输入口令的文本框需要设置 Passwordchar 属性为"*"，以便以*代替实际密码显示。

（4）常用方法如下。

Refresh 方法：重新绘制控件并刷新数据，该方法适用于绝大多数控件。

格式：

```
Thisform.Text1.Refresh
```

（5）常用事件：Valid 事件：在控件失去焦点之前发生。该事件有返回值，默认值为.T.。若返回.T.，则控件可以失去焦点，继续后面的操作，若返回.F.，则控件不能失去焦点，光标锁定在控件上，不能进行后续操作。

3．案例实施

1）设计思路

文本框的 Valid 事件利用二路分支选择语句 IF…ELSE…ENDIF 进行判断，如果文本框输入值与实际口令一致，则光标可以离开文本框，并显示"欢迎使用本系统"信息，否则，光标不能离开文本框，并显示"口令错，请再试一次！"信息。

2）设计步骤

① 启动表单设计器，创建表单 CH7-2。

② 在表单中添加一个标签和一个文本框。

③ 设置 Form1 的 Caption 为"口令验证窗口"，标签的 Caption 为"请输入口令："，Fontbold 为.T.，Fontsize 为 14。

④ 文本框的 SelectOnEntry 为.T.，使得新输入的口令自动取代旧口令，Passwordchar 为"*"，以便使输入的口令显示"*"。

⑤ 编写文本框的 Valid 事件代码。

```
IF   ALLTRIM(This.Value)="ABC"        &&如果文本框当前输入值是"ABC"
        MESSAGEBOX("欢迎使用本系统")     &&返回消息"欢迎使用本系统"
        RETURN  .T.                      &&光标可以离开文本框，继续后面的操作
    ELSE
        MESSAGEBOX("口令错，请再试一次！")  &&返回消息"口令错，请再试一次！"
```

```
        RETURN  .F.                      &&光标不得离开文本框
    ENDIF
        THISFORM.REFRESH                 &&表单刷新
```

4. 知识扩展

1）常用属性

（1）ControlSource 属性：设置控件数据源，一般可以是字段，运行时文本框显示字段值，并可以将改变的值保存到指定的变量或字段中。

（2）Readonly 属性：当文本框用于输出时一般设置此属性为.T.，表示输出内容不能被修改。

2）常用方法

Setfocus 方法：光标定位到文本框，适用于可获得焦点的所有控件。

格式：

```
    Thisform.Text1.Setfocus
```

7.2.3　命令按钮

1. 素数判断（源程序：CH7-1.scx）

1）案例描述

例 7.1 用于判断从键盘上输入一个自然数是否为素数，具体要求如下：表单的标题为"判断素数"；在文本框 Text1 中输入完成后按 Enter 键，"判断"按钮会自动按下，一次判断完成后焦点置于文本框 Text1，并自动选中文本框中的所有信息，文本框 Text2 输出结论，如图 7-13 和图 7-14 所示。

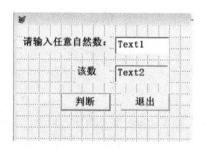

图 7-13　判断素数设计界面

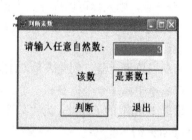

图 7-14　判断素数运行界面

2）知识链接

（1）命令按钮图标：￼。

（2）功能：完成特定操作。

（3）常用属性如下。

① Caption 属性：命令按钮显示的文本。

② Enabled 属性：属性值为.T.时，表示可以选择此按钮，为.F.时表示不可以选择此按钮。

③ Default 属性：属性值为.T.时，表示该命令按钮为表单的默认按钮，运行表单时，若焦点不在此命令按钮上，则按 Enter 键会发生该按钮的 Click 事件。

（4）常用事件如下。

Click 事件：单击命令按钮时发生该事件，基本上适用于所有控件。

3）案例实施

① 打开表单 CH7-1，添加控件 Text1，用于输入一个任意的自然数，因此设置 Text1 的 SelectOnEntry 属性为.T.，使得新输入的自然数覆盖前一次输入的数。

② 继续添加控件 Text2，用于输出结论，因此，设置 Text2 的 Readonly 属性为.T.，使得输出结论不能在表单中直接被修改。

③ 继续添加两个命令按钮 Command1、Command2，分别设置其 Caption 为"判断"、"退出"。

④ 设置"判断"按钮的 Default 属性为.T.，表示该按钮是默认的，运行时，只要用户按 Enter 键，就会触发该按钮的 Click 事件。

⑤ 双击"判断"按钮，选择过程"Click"，编写"判断"按钮的 Click 事件代码。

```
M=VAL(ThisForm.Text1.Value)
    &&将用户通过文本框Text1输入的值转换为数字，并赋给变量M
  FOR  N=2 TO M-1                    &&判断M是否为素数
    IF M/N=INT(M/N)
      EXIT
    ENDIF
ENDFOR
IF N>M-1
      ThisForm.Text2.Value="是素数！" &&通过文本框Text2显示结果
ELSE
      ThisForm.Text2.Value="非素数！"
ENDIF
  ThisForm.Text1.Setfocus           &&将焦点移动到Text1上，准备接收新的输入
  ThisForm.Refresh                   &&刷新屏幕显示
```

⑥ 双击"退出"按钮，选择过程"Click"，编写"退出"按钮的 Click 事件代码。

```
ThisForm.Release                     &&释放表单
```

2. 用户登录界面（源程序：CH7-3.scx）

1）案例描述

【例 7.3】设计图书管理系统的用户登录界面，创建表单 CH7-3，在用户登录过程中，用户名和密码都不允许为空，正确的用户名和密码取自 passwordinfo 表中的记录。运行界面如图 7-15～图 7-17 所示。

图 7-15   登录界面   图 7-16   输入错误界面

图 7-17   输入正确界面

2）案例实施

（1）设计思路。

① 正确的用户名、密码放在表 passwordinfo 中，所以要将该表添加到数据环境设计器中。

② 用户输入的用户名和密码都不允许为空；在二者都不为空的情况下，将输入值分别与表 passwordinfo 的"用户名"和"密码"字段值进行核对，如果同时正确，显示欢迎信息，否则，提示重新输入，光标重新定位到文本框。这部分功能写入"确定"按钮的单击（Click）事件。

（2）设计步骤。

① 创建表单 CH7-3，启动数据环境设计器，将表 passwordinfo 添加到数据环境设计器中。

② 为表单添加 2 个标签、2 个文本框、2 个命令按钮。

③ 2 个标签的 Caption 分别"用户名"、"密码"。

④ 2 个文本框的 SelectOnEntry 为.T.，Text2 的 Passwordchar 为"*"。

⑤ 2 个命令按钮的 Caption 分别为"确定"、"退出"。

⑥ 双击"确定"按钮，选择过程"Click"，编写"确定"按钮的 Click 事件代码。

```
sele  passwordinfo                    &&选择表passwordinfo
if allt(thisform.text1.value)==""     &&如果Text1中未输入用户名
   thisform.text1.setfocus            &&光标停在Text1
else
   if allt(thisform.text2.value)==""  &&如果Text2中未输入密码
        thisform.text2.setfocus       &&光标停在Text2上
else
        locate for allt(用户名)=allt(thisform.text1.value) .and. allt(密
```

```
码)=allt(thisform.text2.value)    &&在表文件中查找用户名和密码都和输入值相同的记录
    if  eof()                    &&如果找不到
            messagebox("用户名或密码错误，请重新输入！",64,"提示")&&返回消息
            thisform.text1.setfocus()    &&光标重新定位在Text1上
    else                         &&否则
    =messagebox("用户名或密码正确，欢迎使用本系统！")  &&返回消息
    thisform.release             &&表单结束运行
    endif
      endif
  endif
```

⑦ 双击"退出"按钮，打开 Click 事件代码编辑窗口，写入以下代码。

```
thisform.release    &&释放表单
quit                &&退出运行
```

7.2.4　编辑框

1．案例描述（源程序：CH7-4.scx）

【例 7.4】创建表单 CH7-4，实现矩阵输出，具体要求如下：通过文本框输入 1～9 中的任意自然数，在编辑框输出以该自然数为行数和列数的矩阵，并且矩阵主对角线为 0，次对角线为 1。矩阵表单设计界面如图 7-18 所示，矩阵输出界面和输入出错界面如图 7-19 和图 7-20 所示。

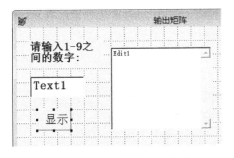

图 7-18　矩阵表单设计界面

图 7-19　矩阵输出界面

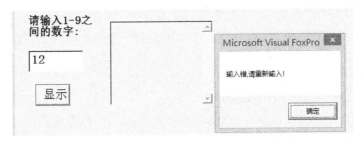

图 7-20　输入出错界面

2．知识链接

（1）编辑框图标： 。

（2）功能：处理长的字符型数据和备注型字段，它是既能做输入也能做输出的控件。

（3）常用属性如下。

① ControlSource 属性：指定控件的数据源，为 C 型字段、内存变量或 M 型字段。

② Value 属性：指定控件的当前值，只接收字符型数据。

③ Readonly 属性：指定控件是否只读，.T.表示只读，.F.（默认）表示数据可修改。

（4）注意事项如下。

① 编辑框只能处理字符型数据，文本框可以处理字符、数值、日期、逻辑等类型的数据。

② 文本框的输入值默认是字符，如果题目需要的数据不是字符，则要用函数 VAL()、CTOD() 等进行转换，即把输入的字符转换为题目需要的类型。

③ 编辑框可以处理多段文本，按 Enter 键不退出，而文本框按 Enter 键即退出。

④ 编辑框实现多行输出时，一般通过输出函数 CHR(13)或 CHR(10)实现。其中，函数 CHR(13) 表示回车，函数 CHR(10)表示换行。

3．案例实施

1）设计思路

这是一个输出 N 行 N 列二维图形的问题，要用双重循环来解决，即外循环 I 控制输出的行数，内循环 J 控制每行输出的列数。当 I=J 或 I+J=N+1 时，表示对角线上的元素。由于是通过编辑框输出的，因此，先将要输出的内容以字符串的形式保存在一个内存变量中，用函数 CHR(13)实现回车换行，再把这个长字符串赋给编辑框。上述处理写在"显示"按钮的 Click 事件中。若要控制文本框输入的数字为 1～9，则要编写文本框的 Valid 事件代码。

2）设计步骤

① 启动表单设计器，创建表单 CH7-4。

② 在表单中添加 1 个标签、1 个文本框、1 个命令按钮、1 个编辑框。

③ 标签的 Caption 为"请输入 1-9 之间的数字："，Fontbold 为.T.，Fontsize 为 14。

④ 设置命令按钮的 Caption 为"显示"，Default 为.T.。

⑤ 设置编辑框的 Readonly 为.T.。

⑥ 设置文本框的 SelectOnEntry 为.T.（输入唯一性）。

⑦ 编写文本框的 Valid 事件，以控制数据为 1～9，代码如下。

```
S=VAL(Thisform.text1.value)  &&将文本框的输入值转换为数字,并赋给变量S
IF S>9  OR  S<1  &&如果S不在1～9中
MESSAGEBOX("输入错,请重新输入!")  &&返回消息
Return  .F.   &&光标返回文本框
ELSE
 Return  .T.   &&光标可以离开文本框,继续后面的操作
ENDIF
```

```
Thisform.Refresh  &&刷新表单
```

注意：文本框中的输入值默认是字符，而计算需要的是自然数，所以这里用函数 VAL()进行了转换。

⑧ 双击"显示"按钮，选择过程"Click"，编写"显示"按钮的 Click 事件代码。

```
P=SPACE(0)                     &&长字符串的初值为空串
N=val(Thisform.Text1.Value)    &&获取文本框的输入值
FOR I=1 TO N
   FOR J=1 TO N                &&内循环，控制输出的列数
     IF I=J OR I+J=N+1         &&左对角线行号I=列号J，右对角线I+J=N+1
        A=" 0"                 &&为对角线上的元素赋值"0"，为输出清晰在0的前面加一空格
     ELSE
        A=" 1"                 &&为非对角线上的元素赋值"1"
     ENDIF
     P=P+A                     &&把各个字符连接起来
   ENDFOR
   P=P+CHR(13)                 &&字符串换行
ENDFOR
thisform.edit1.Value=p         &&通过编辑框输出长字符串内容
Thisform.Text1.Setfocus        &&焦点定位文本框，为下次输入做准备
Thisform.Refresh
```

注意：这里是通过 CHR(13)函数实现换行输出的。

7.2.5　计时器

1. 信息行下移（源程序：CH7-5.scx）

1）案例描述

【**例 7.5**】设计一个表单，单击"开始"按钮时，表单信息行从表单顶端向下慢慢平移，信息行字体加粗、蓝色。信息行下移表单设计界面如图 7-21 所示，信息行下移表单运行界面如图 7-22 所示。

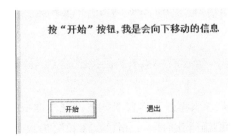

图 7-21　信息行下移表单设计界面

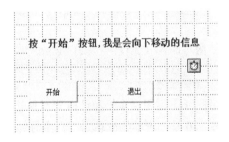

图 7-22　信息行下移表单运行界面

2）知识链接

（1）计时器图标：。

（2）功能：在给定时间间隔内执行指定操作，运行时不可见。

（3）常用属性如下。

① Interval 属性：时间间隔，以毫秒为单位。

② Enabled 属性：计时器是否起作用，.T.表示起作用，.F.表示不起作用，默认为.T.。

（4）常用事件如下。

Timer 事件：每隔相同的时间间隔（即 Interval 属性值），计算机就自动执行 Timer 事件指定的操作。

3）案例实施

（1）设计思路。

信息行可以使用标签控件或文本框控件来显示，为了显示信息行的下移，需要借助计时器控件。在信息行下移过程中，标签的 Top 属性不断增加，可以通过标签的 Top 属性递增一个常量来实现，再通过计时器来控制，由计时器的 Timer 事件实现标签的一次下移，由于 Timer 事件每隔相同的时间间隔就要被计时器重复执行，因此就实现了信息行的持续下移。

（2）设计步骤。

① 创建表单 CH7-5，添加 1 个标签、2 个命令按钮、1 个计时器。

② 设置 Form1 的 Caption 为"信息行下移"，标签的 Caption 为"按'开始'按钮，我是会向下移动的信息"，Fontbold 为.T.，Fontsize 为 12，Fontcolor 为蓝色，命令按钮的 Caption 为"开始"、"退出"，计时器的 Interval 为 50。

③ 双击表单任意空白处，选择过程"Init"，编写 Form 的 Init 事件代码。

```
thisform.timer1.Enabled=.f.        &&关闭计时器
```

④ 双击"开始"按钮，选择过程"Click"，编写"开始"按钮的 Click 事件代码。

```
thisform.label1.top=0              &&标签到表单的顶部
thisform.timer1.enabled=.t.        &&打开计时器
```

⑤ 双击"退出"按钮，选择过程"Click"，编写"退出"的 Click 事件代码。

```
thisform.release                   &&释放表单
```

⑥ 双击"计时器"，选择过程"Timer"，编写"Timer"事件代码。

```
thisform.label1.top= thisform.label1.top+1   &&标签向下平移一个像素
```

2. 数字时钟（源程序：CH7-6.scx）

1）案例描述

【例 7.6】运用文本框和计时器对象设计一个数字时钟表单，具体要求如下：文本框中的文字为隶书、20 号，表单的标题为"数字时钟"，每隔 1 秒刷新一次时间，如图 7-23 和图 7-24 所示。

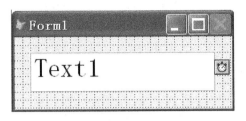

图 7-23　表单设计界面

图 7-24　表单运行界面

2）知识链接

复习下面几个函数的使用方法。

（1）Time()：以时、分、秒（hh:mm:ss）的形式返回当前系统时间。

（2）Left（字符表达式，数值表达式）：从<字符表达式>最左边开始截取<数值表达式>个字符。

（3）Right（字符表达式，数值表达式）：从<字符表达式>最右边开始截取<数值表达式>个字符。

（4）Substr（字符表达式，数值表达式 1，数值表达式 2）：在<字符表达式>中，从<数值表达式 1>开始截取<数值表达式 2>个字符。

3）案例实施

（1）设计思路。

① Time()函数取得系统时间，取左子串函数 Left、取子串函数 Substr、取右子串函数 Right 分别取出系统时间的时、分、秒，再通过字符串连接将汉字填入文本框。

② 初始运行时显示系统时间，所以把步骤①需要做的操作写在表单（Form1）的初始化 (Init) 事件中。

③ 系统时间自动刷新，间隔时间为 1 秒，因此，计时器（Timer1）的 Interval 属性设为 1000 (ms)，Timer 事件执行 Form1 的 Init 事件代码。

（2）设计步骤。

① 创建表单 CH7-6，添加 1 个文本框、1 个计时器，文本框的 Readonly 为.T.，Fontname 为隶书，Fontsize 为 20，计时器的 Interval 为 1000。

② 将 Form1 的 Caption 设为"数字时钟"。

③ 双击表单任意空白处，选择过程"Init"，编写 Form 1 的 Init 事件代码。

```
S=Left(Time(),2)
          &&从表示系统时间的字符串"hh:mm:ss"中取出左边2位，即"hh"
F=Substr(Time(),4,2)
          &&从表示系统时间的字符串"hh:mm:ss"的第4位开始取出2位，即"mm"
M=Right(Time(),2)
          &&从表示系统时间的字符串"hh:mm:ss"中取出右边2位，即"ss"
Thisform.Text1.Value=S+"时"+F+"分"+M+"秒"
          &&取出的子串与汉字连接起来形成中文表示时间的字符串，并通过文本框输出
Thisform.Refresh     &&表单刷新
```

④ 双击"计时器"，选择过程"Timer"，编写"Timer"事件代码。

```
Thisform.Init        &&执行Form1初始化事件, 重新刷新文本框输出的系统时间
Thisform.Refresh     &&刷新表单
```

3. reader 表的自动只读浏览（源程序：CH7-7.scx）

1）案例描述

【例 7.7】设计一个表单，完成表文件"reader.dbf"内容的自动只读浏览显示功能。其设计界面和运行界面如图 7-24 和图 7-25 所示。具体要求如下：①表单初始显示内容为表文件"reader.dbf"的首记录；②表单内容将以 1 秒为间隔自动刷新，即自动顺序向后翻记录，当翻至表底时，将自动回到首记录循环翻动。

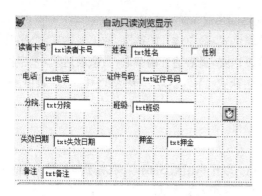

图 7-25　表单的设计界面

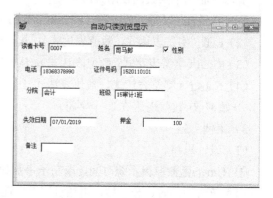

图 7-26　表单的运行界面

2）知识链接

表单需要添加数据环境，在数据环境设计器中加入表 reader，并将 reader 中的各个字段直接拖曳到表单的合适位置，这样可以自动产生于每个字段绑定的控件。注意：使用这种方法添加控件的 Name 属性值与通过表单控件工具栏添加控件的 Name 属性值是不同的。

3）案例实施

（1）设计思路。

记录每隔 1 秒自动刷新就需要使用计时器来实现，计时器的间隔时间为 1 秒，计时器的 Timer 事件代码可实现表文件记录指针的一次下移，当记录指针到达文件最后时，会重新回到首记录。通过计时器 Timer 事件的反复执行，就实现了表文件记录往复循环刷新。

（2）设计步骤。

① 创建表单 CH7-7，添加 1 个计时器，并将计时器的 Interval 设为 1000。

② 将表 reader 加入数据环境，并将 reader 的各个字段从数据环境设计器中直接拖放到表单的合适位置。

③ 将 Form1 的 Caption 设为"自动只读浏览显示"。

④ 双击表单任意空白处，选择过程"Init"，编写 Form1 的 Init 事件代码。

```
Thisform.Setall("Readonly",.T.,"textbox")   &&设置所有文本框内容不可修改
Thisform.chk性别.Readonly=.T.               &&设置"性别"字段不可修改
```

⑤ 双击"计时器",选择过程"Timer",编写"Timer"的事件代码。

```
IF !EOF()              &&如果记录指针没有到表尾
SKIP                   &&指针向下移动一条记录
ELSE
GO TOP                 &&指针移动到首记录
ENDIF
THISFORM.REFRESH       &&刷新表单
```

4. 抽奖表单（源程序：CH7-8.scx）

1）案例描述

【例 7.8】设计一个抽奖表单，根据 reader 的"读者卡号"、"姓名"字段进行抽奖。单击"开始"按钮，能够使读者卡号及姓名在文本框中滚动显示，单击"停止"按钮，抽中的读者卡号及姓名以蓝色显示，文本框中的字体为宋体、18 号、加粗，表单的标题为"抽奖"，每隔 1 秒滚动 1 次，如图 7-27～图 7-30 所示。

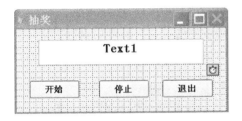

图 7-27 编辑界面

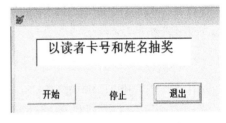

图 7-28 初始运行界面

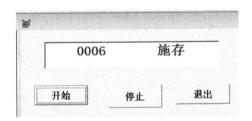

图 7-29 滚动显示界面

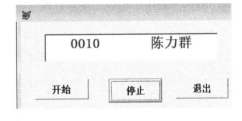

图 7-30 中奖界面

2）案例实施

（1）设计思路。

① 抽奖的"读者卡号"和"姓名"来自表 reader，故需要把 reader 添加到数据环境设计器中。

② 单击【开始】按钮后，读者卡号和姓名动态显示，需要设置计时器，间隔时间为 1 秒。

③ 计时器的 Timer 事件代码用于实现"reader"表记录指针的一次下移，当记录指针到达文件最后时，重新回到首记录。

④ 被抽中的【读者卡号】和【姓名】字段值通过文本框 Text1 在表单中输出。

⑤ 被抽中的记录将不能参加下一次的抽奖，所以需要被逻辑删除，逻辑删除标记在表单初始

化时要设置为有效。

⑥ 单击【退出】按钮结束表单运行时，要恢复所有被逻辑删除的记录。

（2）设计步骤。

① 创建表单 CH7-8，添加 1 个文本框、3 个命令按钮、1 个计时器。

② 设置 Form1 的 Caption 为"抽奖"，文本框的 Fontbold 为.T.，Fontsize 为 18 ，3 个命令按钮的 Caption 分别为"开始"、"停止"、"退出"，计时器的 Interval 为 1000。

③ 将表 reader 添加到数据环境设计器中。

④ 双击表单任意空白处，选择过程"Init"，编写 Form1 的 Init 事件代码。

```
THISFORM.TIMER1.ENABLED=.F.              &&关闭计时器
THISFORM.TEXT1.VALUE="以读者卡号和姓名抽奖"
                                         &&文本框输出"以读者卡号和姓名抽奖"
SET DELETE ON                            &&设置逻辑删除有效
```

⑤ 双击"开始"按钮，选择过程"Click"，编写"开始"按钮的 Click 事件代码。

```
THISFORM.TIMER1.ENABLED=.T.              &&打开计时器
THISFORM.TEXT1.FORECOLOR=RGB(0,0,0)      &&设置文本框字体的颜色为黑色
THISFORM.REFRESH                         &&刷新表单
```

⑥ 双击"停止"按钮，选择过程"Click"，编写"停止"按钮的 Click 事件代码。

```
THISFORM.TIMER1.ENABLED=.F.              &&关闭计时器
THISFORM.TEXT1.FORECOLOR=RGB(0,0,255)    &&设置文本框字体的颜色为蓝色
DELETE                &&逻辑删除当前记录
THISFORM.REFRESH      &&刷新表单
```

⑦ 双击"退出"按钮，选择过程"Click"，编写"退出"按钮的 Click 事件代码。

```
RECALL   all          &&恢复表中所有逻辑删除的记录
thisform.release      &&释放表单
```

⑧ 双击"计时器"，选择过程"Timer"，编写"Timer"的事件代码。

```
IF !EOF()             &&如果记录指针没有到表尾
SKIP                  &&指针向下移动一条记录
ELSE
GO TOP                &&指针移动到首记录
ENDIF
THISFORM.TEXT1.VALUE=读者卡号+"    "+姓名
&&当前记录的"读者卡号"、"姓名"字段值通过文本框输出显示
THISFORM.REFRESH
```

7.2.6 列表框

1. 案例描述（源程序：CH7-9.scx）

【**例 7.9**】按"读者卡号"查询读者的信息。具体要求如下：初始运行时只显示左侧的读者卡号列表框中的信息，选中某一读者卡号后，显示与读者卡号匹配的读者信息，显示内容不可被修改，如图 7-31～图 7-33 所示。

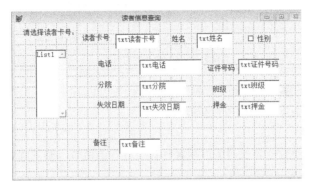

图 7-31　读者信息查询设计界面

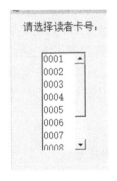

图 7-32　初始运行界面

图 7-33　选中某一读者卡号后的运行界面

2. 知识链接

（1）列表框图标：𝄙。

（2）功能：用户可从列表框中选择一项或多项。

（3）常用属性如下。

① RowsourceType 属性：确定控件的数据来源，可以取数值 0～9。其选项说明如表 7-4 所示。

② Rowsource 属性：确定控件的数据源，与 RowsourceType 配合使用。

表 7-4　RowsourceType 属性选项说明

属性值	数据源
0-无	默认值，通过特定语句添加和移去列表项
1-值	用 Rowsource 属性指定多个要在列表框中显示的值
2-别名	在列表框中包含打开表的一个或多个字段值
3-SQL 语句	SELECT 语句的结果作为数据源
4-查询	用查询结果填充列表
5-数组	用数组中的项填充列表
6-字段	指定表的一个字段或用逗号分隔的一系列字段值填充列表
7-文件	用当前目录中的文件填充列表
8-结构	用 Rowsource 属性指定的表的结构中的字段名填充列表
9-弹出菜单	用一个先前定义的弹出菜单填充列表

③ ColumnCount 属性：列表框的列数，为数值。

④ Value 属性：必须是列表框中存在的当前值。

（4）常用事件如下。

InterActiveChange 事件：在使用键盘或鼠标更改控件的值时，触发此事件。

3．案例实施

1）设计思路。

表单用到 reader 表，把 reader 表放入数据环境。选择姓名使用的是列表框，需要设置列表框的数据源，设置列表框的 RowsourceType 为 6，Rowsource 为 reader.姓名，当用户在列表框中选择新值时，表的记录指针将同步移动到相应记录上。界面右侧显示的数据直接从数据环境上拖入即可，表中的字段能自动与对应的控件建立绑定。需要编写表单的 Init 事件代码，设置界面右侧的数据不可见。需要编写列表框的 InterActiveChange 事件代码，当用户在列表框中选择新值后，使界面右侧的数据可见，并以最新的数据显示。

2）设计步骤

① 创建表单 CH7-9，添加数据环境，并将 reader 表添加到数据环境设计器中。

② 为表单添加标签和列表框控件。

③ 启动数据环境设计器，将 reader 表的各个字段拖曳到表单的合适位置，使字段和控件自动绑定。

④ 设置列表框的 RowsourceType=6，Rowsource="reader.读者卡号"。

⑤ 双击表单空白处，选择过程"Init"，编写 Form1 的 Init 事件代码。

```
Thisform.Setall("Visible",.F.)      &&设置表单的所有控件不可见
Thisform.Label1.Visible=.T.         &&设置表单的标签可见
Thisform.List1.Visible=.T.          &&设置表单的列表框可见
THISFORM.SETALL("READONLY",.T.,"TEXTBOX")      &&设置表单中的所有文本框为只读
THISFORM.CHK性别.readonly=.T.       &&设置表示性别的复选框控件为只读
```

⑥ 双击列表框，选择过程"InterActiveChange"，编写该事件代码。

```
Thisform.Setall("Visible",.T.)        &&设置表单中的所有控件可见
thisform.refresh                      &&刷新表单
```

7.2.7　组合框

1．案例描述（源程序：CH7-10.scx）

【例 7.10】设计表单，实现对 book 表指定图书类别总册数的计算。具体要求如下：①表单标题为"图书册数求和"，初始运行时只显示左边的标签和 book 表图书类别信息；②指定的类别可以是用户输入的，也可以从列表框中选择，列表框显示的类别不能重复；③如果该类别不存在，则显示"查无此类别！"，如果存在，则计算该类别的总册数，结果通过文本框输出，如图 7-34～图 7-37 所示。

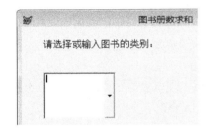

图 7-34　表单设计界面

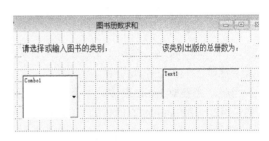

图 7-35　初始运行界面

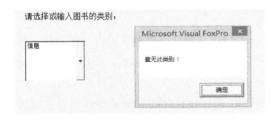

图 7-36　类别不存在时的运行界面

图 7-37　类别存在时的运行界面

2．知识链接

（1）组合框图标：▦。

（2）功能：既能输入，又能在下拉列表中选择，兼有文本框和列表框的功能。

（3）常用属性：其兼有列表框和文本框的常用属性，这里补充以下两个属性。

① Style 属性：指定控件样式，默认为"0-下拉组合框"，如果把该属性改为"2-下拉列表框"，则此时的组合框只有列表框的功能。

② DisplayValue 属性：可以是列表框中存在的当前值，也可以是用户输入的当前值。

（4）常用方法如下。

① AddItem 方法：在组合框或列表框中添加一个新数据项。

格式：

```
Thisform.Combo1.AddItem（数据项）        &&组合框添加数据项
Thisform.List1.AddItem（数据项）         &&列表框添加数据项
```

② RemoveItem 方法：在组合框或列表框中移除一个已有的数据项。

格式：

```
Thisform. Combo1. RemoveItem（数据项在组合框中的位置序号）
                               &&组合框移除该位置序号对应的数据项
Thisform.List1. RemoveItem（数据项在列表框中的位置序号）
                               &&列表框移除该位置序号对应的数据项
```

（5）常用事件如下。

① Valid 事件：同文本框的 Valid 事件。

② InterActiveChange 事件：同列表框的 InterActiveChange 事件。

（6）注意事项：这里不能直接设置组合框的 RowsourceType 和 Rowsource 属性，不能将组合框直接与"book"表的"类别"字段绑定，因为"book"表中"类别"字段值是有重复的，而题目要求组合框显示的类别不能重复。

因此，先要对 book 表按照"类别"字段建立唯一索引，使重复的"类别"字段值不再显示，再通过方法 AddItem 将不重复的"类别"字段值添加到组合框中。

这段代码写在 Form1 的 Init 事件中。

3．案例实施

1）设计思路

对于图书类别，要求既能由用户输入，又可以从列表框中选择，所以要采用组合框控件。图书类别数据的列表项不是简单地将类别字段绑定，而是将重复的"类别"去掉后，循环运用 Additem 方法来填入类别。表单初始运行时，Label2、Text1 不显示。另外，执行类别统计计算时需要关闭交互对话功能。这些处理都应该在表单的 Init 事件中完成。利用组合框的 Valid 事件可以有效检验输入是否正确。计算指定类别书籍总册数的处理用组合框的 InterActiveChange 事件实现。

2）设计步骤

① 创建表单 CH7-10，将 book 表添加到数据环境设计器中。

② 添加 2 个标签、1 个组合框、1 个文本框。

③ 设置标签的 Caption 分别为"该类别出版的总册数为："、"请选择或输入图书的类别："。

④ 设置组合框的 SelectOnEntry=.T.，设置文本框的 Readonly=.T.，确保输入的唯一性和输出的不可修改性。

⑤ 双击表单空白处，选择过程"Init"，此过程用于将不重复的"类别"字段值写入组合框。

```
thisform.combo1.RowsourceType = 0    &&组合框Combo1的RowsourceType属性为0
INDEX on 类别 TO lb  unique          &&book表按照"类别"字段建立唯一索引
SCAN
thisform.combo1.AddItem(类别)        &&将book表中不重复的"类别"字段值写入组合框
```

```
ENDSCAN
SET INDEX TO                         &&关闭索引
Thisform.Label1.Visible=.F.          &&设置右上角的标签不可见
Thisform.Text1.Visible=.F.           &&设置文本框不可见
thisform.Refresh                     &&刷新表单
```

⑥ 双击组合框，选择过程"Valid"，该过程用于检测输入的类别在 book 表中是否存在。

```
LOCATE  FOR  ALLTRIM(Thisform.Combo1.DisplayValue)=ALLT(类别)
IF EOF()                             &&到文件尾，不存在该类别
 Thisform.Label1.Visible=.F.         &&设置右上角的标签不可见
 thisform.Text1.Visible=.F.          &&设置文本框不可见
 MESSAGEBOX("查无此类别！")            &&显示提示信息
 RETURN .F.                          &&光标不能离开组合框
ELSE                                 &&否则，表示找到该类别
  Thisform.Label1.Visible=.T.        &&设置右上角的标签可见
  Thisform.Text1.Visible=.T.         &&设置文本框可见
  RETURN .T.                         &&光标可以离开组合框
ENDIF
Thisform.Refresh
```

⑦ 双击组合框，选择过程"InterActiveChange"，该过程用于计算指定类别书籍的总册数。

```
Sum册数  TO CS FOR ALLTRIM(Thisform.Combo1. DisplayValue)=ALLTRIM(类别)
                                     &&根据指定类别计算书籍的总册数
Thisform.Text1.Value=CS              &&填写结果
Thisform.Refresh                     &&刷新表单
```

7.2.8　复选框

1．案例描述（源程序：CH7-11.scx）

【例 7.11】设计一个统计车票总金额的表单。具体要求如下：在给出的各种车票中选择自己需要的，单击"计算总额"按钮，将所需的车票总金额计算出来并通过文本框显示出来，如图 7-38 和图 7-39 所示。

2．知识链接

（1）复选框图标：☑ 。

（2）功能：用于编辑或显示二值数据，如.T.和.F.。当复选框被选中时，表示.T.，否则表示.F.。reader 表中的"性别"字段自动对应的控件就是复选框 ☑性别 。

（3）常用属性如下。

① Caption 属性：用于设置复选框标题。

例如，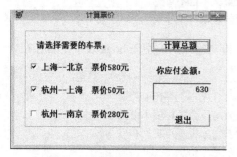 复选框的 Caption="性别"。

② Value 属性：用于设置复选框状态。其属性值为 0 或.F.时，表示未选中；属性值为 1 或.T.时，表示选中；属性值为 2 或.NULL.时，表示不确定，复选框以灰色表示。

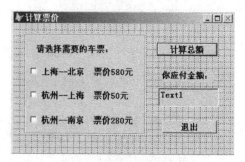

图 7-38　计算票价设计界面　　　　　　图 7-39　计算票价运行界面

③ ControlSource 属性：用于设置复选框数据源，数据源可以是逻辑型或数值型的字段或内容变量。

（4）常用事件有 Click 事件、InterActiveChange 事件。

3．案例实施

1）设计思路

多种车票用多个复选框列出便于用户灵活选择。复选框 Value 的默认值为 0，是数值型的。如果复选框选中，即 Value=1，则将对应的票价加起来。对每个复选框都需要判断，最后把相加的结果显示在 Text1 中。以上处理写在"计算总额"命令按钮的 Click 事件中。

2）设计步骤

① 创建表单 CH7-11，添加 2 个标签、3 个复选框、2 个命令按钮、1 个文本框。

② 设置 2 个标签的 Caption 分别为"请选择需要的车票："、"你应付金额："。

③ 设置 3 个复选框的 Caption 分别为"上海—北京　票价 580 元""杭州—上海　票价 50 元""杭州—南京　票价 280 元"。

④ 设置 2 个命令按钮的 Caption 分别为"计算总额""退出"。

⑤ 设置文本框的 Readonly 为.T.。

⑥ 双击"计算总额"命令按钮，选择过程"Click"，添加其单击事件代码。

```
S=0                              &&为总额的变量赋初值0
IF Thisform.Check1.Value=1       &&如果Check1被选中
S=S+580
ENDIF
IF Thisform.Check2.Value=1       &&如果Check2被选中
S=S+50
ENDIF
IF Thisform.Check3.Value=1       &&如果Check3被选中
S=S+280
ENDIF
```

```
Thisform.Text1.Value=S              &&总金额显示在Text1中
Thisform.Refresh
```

⑦ 双击 "退出" 命令按钮，选择过程 "Click"，添加其单击事件代码。

```
Thisform.Release                    &&释放表单，结束运行
```

7.2.9 微调框

1. 案例描述（源程序：CH7-12.scx）

【例 7.12】编制一手工日历，其设计界面和运行界面如图 7-40 和图 7-41 所示。

图 7-40 设计界面

图 7-41 运行界面

2. 知识链接

（1）微调框图标：⬚。

（2）作用：选择或输入一定范围的数值型数据。它既可以由键盘输入数据，也允许通过微调的向上或向下箭头对微调控件中的当前值进行增减操作。

（3）常用属性如下。

① Increment 属性：用户每次单击向上或向下箭头时，微调文本框增加和减少的数值，数值默认值为 1。

② KeyboardHighValue 属性：用户通过键盘能输入到微调文本框中的最高值，数值应大于 KeyboardLowValue。

③ KeyboardLowValue 属性：用户能通过键盘输入到微调文本框中的最低值，数值应小于 KeyboardHighValue。

④ SpinnerHighValue 属性：用户单击向上箭头时，微调控件能显示的最高值。

⑤ SpinnerLowValue 属性：用户单击向下箭头时，微调控件能显示的最低值。

⑥ Value：微调文本框的当前值。

（4）常用事件如下。

① DownClick 事件：单击向下箭头时触发。

② UpClick 事件：单击向上箭头时触发。

3. 案例实施

1）设计思路

微调框只能显示数字，不能用来直接显示日期型数据，因此，将微调框与文本框结合起来就可

以调整多种类型的数据。通过微调的 DownClick、UpClick 事件可实现上下翻动。

2）设计步骤

① 创建表单 CH7-12，添加 1 个文本框和 1 个微调框，将微调框输入部分调小，只显示箭头部分。

② 双击表单空白处，选择过程"Init"，添加代码如下。

```
ThisForm.Text1.Value=Date()        &&将当前日期通过文本框显示出来
ThisForm.Text1.DateFormat=14       &&文本框的输出格式设置为14，即以中文输出
ThisForm.Spinner1.Setfocus         &&光标定位微调
```

③ 双击微调框，选择过程"DownClick"，添加代码如下。

```
Thisform.Text1.Value=Thisform.Text1.Value-1  &&文本框当前值在原基础上减1
Thisform.Refresh  &&刷新表单
```

④ 双击微调框，选择过程"UpClick"，添加代码如下。

```
Thisform.Text1.Value=Thisform.Text1.Value+1  &&文本框当前值在原基础上加1
Thisform.Refresh  &&刷新表单
```

7.2.10　ActiveX 控件

1．案例描述

设计日历控件，用户可选择需要的年、月、日，其设计界面如图 7-42 所示。

图 7-42　日历控件的表单设计界面

2．知识链接

（1）ActiveX 是微软公司提出的一组技术标准，ActiveX 控件就是指符合 ActiveX 标准的控件。使用比较多的是其中的日历控件。

（2）ActiveX 控件图标：🔲。

3．案例实施

在表单控件工具栏中选中 ActiveX 控件，将该控件放在表单的合适位置，在弹出的菜单中选择"创建控件"选项，弹出"插入对象"对话框，在"对象类型"列表框中选择"日历控件 8.0"选项，

得到 OLEControl 1 对象，如图 7-43 所示。

图 7-43　创建日历控件

7.2.11　图像和形状控件

1．案例描述

设计一个表单，用于显示一张图片和一个高度、宽度均为 100 的红色圆球，如图 7-44 所示。

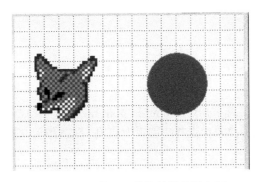

图 7-44　图像、形状控件的使用案例

2．知识链接

1）控件图标

图像：。

形状：。

2）作用

图像：在表单中显示图像文件（BMP、GIF、JPG、IOC 等格式的图像），主要用于图像显示而不能进行编辑。

形状：图形控件，即在设计或运行时画的几何图形。

3）常用属性

（1）图像（Image）的常用属性如下。

① Picture 属性：指定显示在控件中的图形文件、图形文件的路径和文件名，可通过浏览按钮查找。

② Stretch 属性：指定如何对图像进行尺寸调整以适应控件大小，0 表示裁剪（默认）、1 表示等比填充、2 表示变比填充。

③ BackStyle 属性：确定对象的背景色是否透明，值为 0 或 1，默认值为 1（不透明）。

（2）形状（Shape）的常用属性如下。

① Curvature 属性：指定 Shape 控件角的曲率，值为 0～99，0 表示直角，99 表示圆。

② Fillcolor 属性：指定封闭图形的填充颜色，颜色为 RGB(0,0,0)～RGB(255,255,255)。

③ FillStyle 属性：指定表单、形状等的填充类型，值为 0～7，0 表示实线、1 表示透明（默认）等。

④ pecialEffect 属性：指定控件的样式，1 表示平面（默认），0 表示三维。

⑤ BackStyle 属性：确定对象的背景色是否透明，0 表示透明，1 表示不透明（默认）。

3．案例实施

（1）创建表单，添加图像控件，设置图像的 Picture 为 FOX.bmp、Stretch 为 1-等比裁剪、BackStyle 为 0-透明。

（2）添加形状控件，并设置形状的 Curvature 为 99，FillStyle 为 0-实线，Fillcolor 为 RGB(255,0,0)，Width、Height 均设置为 100。

7.3　容器对象

VFP 的常用容器对象包括选项按钮组、表格、页框等。对于容器型对象，在编辑包含的控件时，可以右击对象，在弹出的快捷菜单中选择"编辑"选项，进入编辑状态。

7.3.1　选项按钮组

1．案例描述（源程序：CH7-13.scx）

【例 7.13】利用选项按钮组设计调色板表单，能调出红、橙、黄、绿、青、蓝、紫、黑、白 9 种颜色，初始运行颜色为白色。其设计和运行界面如图 7-45 和图 7-46 所示。

选项按钮组是容器型对象，包含若干选项按钮。

（1）选项按钮组图标：⊙。

（2）功能：选项按钮组中包含的是选项按钮，允许用户在给定的多个选项中选择一个，且只能选择一个。

图 7-45 调色板设计界面

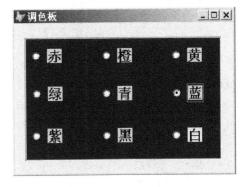
图 7-46 调色板运行界面

（3）常用属性如下。

① ButtonCount 属性：选项按钮组中选项按钮的数目，正整数，默认为 2。

② Caption 属性：指定选项按钮组中选项按钮显示的文本。

③ Value 属性：用于确定被选中的单选按钮，可以是数值型或字符型。若属性值为数值型，则表示第几个单选按钮被选中，值应该是 1～ButtonCount 中的正整数；若属性值为字符型，则表示具有与属性值相同标题的单选按钮被选中。

④ Enabled 属性：选项按钮组的选项是否可选，.T.表示可选，.F.表示不可选。

（4）常用事件如下。

InterActiveChange 事件：在用户改变了选项按钮组的值时触发。

（5）注意事项如下。

① 要编辑选项按钮组包含的选项按钮，可以右击该选项组，在弹出的快捷菜单中选择"编辑"选项，按钮组边框显示绿色，进入编辑状态。

② 代码中的 This 指选项按钮组，这是相对引用，即表示从当前对象（选项按钮组）开始引用。

2. 案例实施

1）设计思路

本案例选项按钮组中包含 9 个按钮，按 3 行 3 列排列。颜色是用选项按钮组的背景色调出来的。改变选项后，选项按钮组的背景色相应改变，因此需要编写选项按钮组 InterActiveChange 事件代码。另外，要求初始运行颜色为白色，所以需要编写表单的 Init 事件代码。

2）设计步骤

① 创建表单 CH7-13，添加 1 个选项按钮组。

② 设置 Form1 的 Caption 为"调色板"，选项按钮组的 ButtonCount=9。

③ 右击选项按钮组，在弹出的快捷菜单中选择"编辑"选项，选项按钮组边框显示绿色，进入编辑状态。

④ 在编辑状态下，单击选项按钮组的每一个选项按钮，分别设置每一个选项按钮的 Caption 为赤、橙、黄、绿、青、蓝、紫、黑、白，调整选项按钮的位置，通过布局工具栏对齐按钮。

⑤ 双击表单任意空白处，选择过程"Init"，编写 Form1 的 Init 事件代码。

```
Thisform.OptionGroup1.value=9            &&将选项按钮组第9个按钮设为当前按钮
Thisform.OptionGroup1.BackColor=RGB(255,255,255)
                                         &&设置选项按钮组的背景色为白色
```

⑥ 双击选项按钮组，选择过程"InterActiveChange"，编写 OptionGroup1 的 InterActiveChange 事件代码。

```
DO CASE
  CASE This.Value=1                      &&如果选中了选项按钮组的第1个单选按钮
     This.BackColor=RGB(255,0,0)         &&选项按钮组的背景色为赤色
  CASE  This.Value=2                     &&如果选中了选项按钮组的第2个单选按钮
     This.BackColor=RGB(255,128,0)       &&选项按钮组的背景色为橙色
  CASE  This.Value=3                     &&如果选中了选项按钮组的第3个单选按钮
     This.BackColor=RGB(255,255,0)       &&选项按钮组的背景色为黄色
  CASE  This.Value=4                     &&如果选中了选项按钮组的第4个单选按钮
       This.BackColor=RGB(0,255,0)       &&选项按钮组的背景色为绿色
CASE   This.Value=5                      &&如果选中了选项按钮组的第5个单选按钮
     This.BackColor=RGB(0,128,128)       &&选项按钮组的背景色为青色
  CASE  This.Value=6                     &&如果选中了选项按钮组的第6个单选按钮
     This.BackColor=RGB(0,0,255)         &&选项按钮组的背景色为蓝色
  CASE  This.Value=7                     &&如果选中了选项按钮组的第7个单选按钮
     This.BackColor=RGB(128,0,128)       &&选项按钮组的背景色为紫色
  CASE  This.Value=8                     &&如果选中了选项按钮组的第8个单选按钮
     This.BackColor=RGB(0,0,0)           &&选项按钮组的背景色为黑色
  CASE  This.Value=9                     &&如果选中了选项按钮组的第9个单选按钮
This.BackColor=RGB(255,255,255)          &&选项按钮组的背景色为白色
ENDCASE
Thisform.Refresh
```

思考：如果要把这段代码改成绝对引用，应该怎样修改代码？

3. 知识扩展

命令按钮组（CommandGroup）的图标为 ▤。

命令按钮组是功能、属性与选项按钮组非常相似的容器型对象，其包含若干命令按钮，常用事件是 Click。本案例如果用命令按钮组代替选项按钮组设计调色板，则过程如下。

① 创建新表单，添加 1 个命令按钮组。

② 设置 Form1 的 Caption 为"调色板"，命令按钮组的 ButtonCount=9。

③ 右击命令按钮组，在弹出的快捷菜单中选择"编辑"选项，进入编辑状态。

④ 在编辑状态下，单击命令按钮组的每一个命令按钮，分别设置每一个命令按钮的 Caption 为赤、橙、黄、绿、青、蓝、紫、黑、白，调整命令按钮的位置，通过布局工具栏对齐按钮。

⑤ 双击表单任意空白处，选择过程"Init"，编写 Form1 的 Init 事件代码。

```
Thisform.CommandGroup1.value=9           &&将命令按钮组第9个按钮设为当前按钮
Thisform.CommandGroup1.BackColor=RGB(255,255,255)
                                         &&设置命令按钮组的背景色为白色
```

⑥ 双击命令按钮组，选择过程"Click"，编写 CommandGroup1 的 Click 事件代码。

```
DO CASE
  CASE This.Value=1                         &&如果选中了命令按钮组的第1个单选按钮
      This.BackColor=RGB(255,0,0)           &&命令按钮组的背景色为赤色
  CASE  This.Value=2                        &&如果选中了命令按钮组的第2个单选按钮
      This.BackColor=RGB(255,128,0)         &&命令按钮组的背景色为橙色
  CASE  This.Value=3                        &&如果选中了命令按钮组的第3个单选按钮
      This.BackColor=RGB(255,255,0)         &&命令按钮组的背景色为黄色
  CASE  This.Value=4                        &&如果选中了命令按钮组的第4个单选按钮
        This.BackColor=RGB(0,255,0)         &&命令按钮组的背景色为绿色
  CASE  This.Value=5                        &&如果选中了命令按钮组的第5个单选按钮
      This.BackColor=RGB(0,128,128)         &&命令按钮组的背景色为青色
  CASE  This.Value=6                        &&如果选中了命令按钮组的第6个单选按钮
      This.BackColor=RGB(0,0,255)           &&命令按钮组的背景色为蓝色
  CASE  This.Value=7                        &&如果选中了命令按钮组的第7个单选按钮
      This.BackColor=RGB(128,0,128)         &&命令按钮组的背景色为紫色
  CASE  This.Value=8                        &&如果选中了命令按钮组的第8个单选按钮
      This.BackColor=RGB(0,0,0)             &&命令按钮组的背景色为黑色
  CASE  This.Value=9                        &&如果选中了命令按钮组的第9个单选按钮
  This.BackColor=RGB(255,255,255)           &&命令按钮组的背景色为白色
ENDCASE
Thisform.Refresh
```

7.3.2　表格

1. 图书借阅（源程序：TSJY.scx）

1）案例描述（源程序：CH7-14.scx）

【例 7.14】编辑 reader 表信息浏览界面。具体要求如下：通过表格控件来实现，用户可以直接在界面中修改、删除（通过表格左侧的删除标记删除记录）和浏览表信息，如图 7-47 和图 7-48 所示。

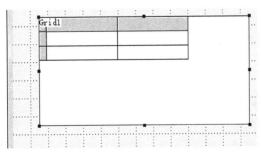

图 7-47　设计界面

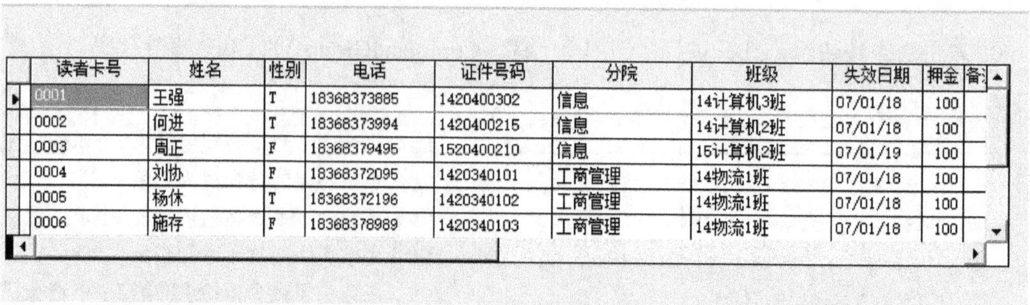

读者卡号	姓名	性别	电话	证件号码	分院	班级	失效日期	押金	备
0001	王强	T	18368373885	1420400302	信息	14计算机3班	07/01/18	100	
0002	何进	T	18368373994	1420400215	信息	14计算机2班	07/01/18	100	
0003	周正	F	18368379495	1520400210	信息	15计算机2班	07/01/19	100	
0004	刘协	F	18368372095	1420340101	工商管理	14物流1班	07/01/18	100	
0005	杨休	T	18368372196	1420340102	工商管理	14物流1班	07/01/18	100	
0006	施存	F	18368378989	1420340103	工商管理	14物流1班	07/01/18	100	

图 7-48　运行界面

2）知识链接

表格是容器型对象，包含若干列，表格中为每一列定义标题的是标头。

（1）表格图标：▦。

（2）功能：类似于浏览窗口，按行和列显示数据。

（3）常用属性有 RecordSourcetype、RecordSource，这一对属性通常一起被定义。RecordSourcetype 属性的取值如表 7-5 所示。表格的其他属性如表 7-6 所示。

表 7-5　RecordSourcetype 属性取值

属性值	说　明
0	表，RecordSource 属性指定数据源表，该表自动打开
1	别名，默认值，RecordSource 指定已打开的文件别名

表 7-6　表格的其他属性

属性值	说　明
ColumnCount	表格包含的列数
Deletemark	.T.表示可以直接通过表格删除数据，.F.表示不可以直接删除数据
Readonly	.T.表示不可以直接通过表格修改数据，.F.表示可以直接修改数据
Allowaddnew	.T.表示可以直接通过表格添加数据，.F.表示不可以直接添加数据

（4）常用事件如下。

AfterRowColChange 事件：单击表格中的任意一行即可触发该事件。

（5）列的常用属性如下。

Width 属性：列宽的像素值。

（6）标头常用属性如下。

Caption 属性：用于设置标头对象显示的文本。

3）案例实施

① 创建表单 CH7-14，将 reader 表添加到数据环境设计器中。

② 添加表格控件，设置表格对象的 RecordSourcetype 为"1-别名"，RecordSource 为表"reader"。

③ 在表单的 Init 事件中设置表格的属性。

```
WITH  thisform.grid1          &&设置表格的多个属性
  .recordsourcetype=1         &&表格数据源类型设置为1
```

```
      .recordsource="reader"           &&表格数据源设置为"reader"
      .allowaddnew=.T.                 &&设置表格可以直接添加数据
      .deletemark=.T.                  &&设置表格可以直接删除数据
      .readonly=.F.                    &&设置表格可以直接修改数据
   ENDWITH
```

2. 未还图书借阅记录查询

1）案例描述（源程序：CH7-15.scx）

【例 7.15】设计表单实现未还图书借阅记录的查询。具体要求如下：用户输入读者卡号，如果该卡号存在，则通过表格控件输出该读者未还图书对应的"图书编号""书名""借阅日期""应还日期""数量"字段信息；否则显示信息"读者卡号未有借阅记录，请重新输入！"。如图 7-49～图 7-52 所示。

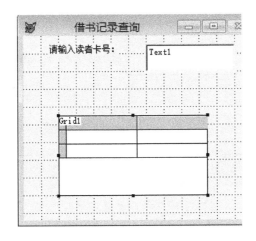

图 7-49　设计界面

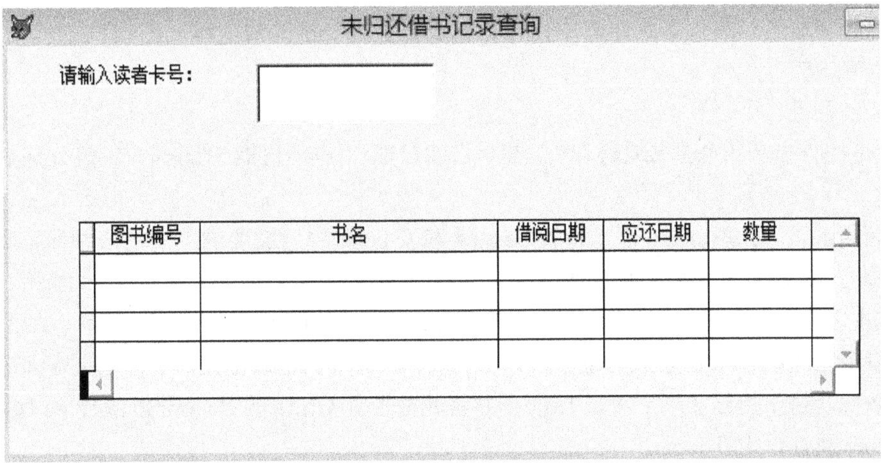

图 7-50　初始运行界面

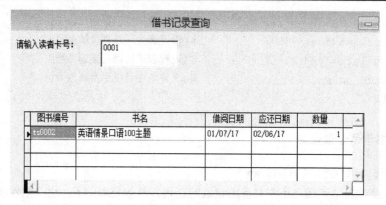

图 7-51 存在借阅记录的运行界面

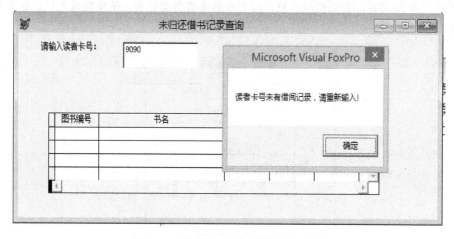

图 7-52 不存在借阅记录的运行界面

2）知识链接

表格的数据源可以不是一张已经建立的表，而是几张表查询的结果。此时，可以通过 SQL 的 SELECT 语句将查询结果保存到新表中，再把新表设置为表格的数据源。

3）案例实施

（1）设计思路。

① 表格控件显示的"图书编号""书名""借阅日期""应还日期""数量"字段分别来自 borrow 和 book。

可以利用 SQL 的 SELECT 语句将表 borrow 和表 book 中所需要的字段提取并保存到一个新表 temp 中，新表 temp 设为表格控件的数据源。

② 文本框 Text1 的 Valid 事件代码实现在表 borrow 中对输入读者卡号的查询，如果查询不到，显示"读者卡号未有借阅记录，请重新输入！"消息，光标不能离开文本框；如果输入的读者卡号存在，则按照步骤①的方法产生新表 temp，并将表格控件 Grid1 的 RecordSourcetype 属性设为 1，RecordSource 属性设为表 temp。

（2）设计步骤。

① 创建表单 CH7-15，将表 reader、表 borrow 添加到数据环境设计器中。

② 为表单添加 1 个标签、1 个文本框、1 个表格控件。

③ 设置标签的 Caption 为"请输入读者卡号："，文本框的 SelectOnEntry 为.T.。

④ 双击表单空白处，选择过程"Init"，添加代码如下。

```
WITH thisform.grid1                        &&设置表格的多个属性
    .columncount=5                         &&设置表格有5列
    .column1.header1.caption="图书编号"     &&设置表格第1列的标头为"图书编号"
    .column2.header1.caption="书名"         &&设置表格第2列的标头为"书名"
    .column3.header1.caption="借阅日期"     &&设置表格第3列的标头为"借阅日期"
    .column4.header1.caption="应还日期"     &&设置表格第4列的标头为"应还日期"
    .column5.header1.caption="数量"         &&设置表格第5列的标头为"数量"
    .column1.width=70                      &&设置表格第1列的宽度为70像素
    .column2.width=200                     &&设置表格第2列的宽度为200像素
    .column3.width=70                      &&设置表格第3列的宽度为70像素
    .column4.width=70                      &&设置表格第4列的宽度为70像素
    .column5.width=70                      &&设置表格第5列的宽度为70像素
    .RecordSourceType = 1                  &&设置表格数据源类型为1
    .RecordSource=""                       &&设置表格数据源为空
    .allowaddnew=.f.                       &&设置不能直接添加表格数据
    .readonly=.t.                          &&设置不能直接修改表格数据
    .deletemark=.f.                        &&设置不能直接删除表格数据
ENDWITH
```

⑤ 双击文本框，选择过程"Valid"，编写代码，实现卡号查询并产生新表。

```
SELECT  borrow                          &&选择表borrow
cardno=ALLTRIM(thisform.text1.value)    &&文本框中输入的值赋给变量cardno
LOCATE FOR ALLTRIM(读者卡号)==cardno
&&查询borrow中的"读者卡号"字段值与输入值相同的第一条记录
IF  FOUND()                             &&如果查询到了读者卡号
SELECT borrow.图书编号,书名,借阅日期,借阅日期+借阅天数  as 应还日期,数量 FROM
borrow,book WHERE 读者卡号=cardno AND 归还状态=.f. .AND.;
    borrow.图书编号=book.图书编号 INTO table temp
&&查询表borrow、book，得到该读者卡号对应的未还图书的"图书编号""书名""借阅日期""应还
日期""数量"字段并存入新表temp
    thisform.grid1.RecordSourceType = 1 &&设置表格的数据源类型为1
    thisform.grid1.RecordSource="temp" &&设置表格的数据源为新表temp
    WITH thisform.grid1                &&设置表格对象的几个相关属性
        .columncount=5                 &&将表格列数设置为5
        .column1.width=70              &&表格第1列的宽度为70像素
        .column2.width=200             &&表格第2列的宽度为200像素
        .column3.width=70              &&表格第3列的宽度为70像素
        .column4.width=70              &&表格第4列的宽度为70像素
```

```
        .column5.width=70              &&表格第5列的宽度为70像素
    ENDWITH
Return  .t.                            &&光标离开文本框
ELSE
    MESSAGEBOX("读者卡号未有借阅记录，请重新输入!")   &&返回消息框内容
    Return  .f.                        &&光标不能离开文本框
ENDIF
thisform.Refresh                       &&刷新表单
```

7.3.3 页框

1．案例描述（源程序：CH7-16.scx）

【例 7.16】设计一个页面转换表单，其有一个 3 页的页框，每页依次放入一幅图像（FOX.bmp）、一张表格（含表 reader）、一个列表框（含表 reader 的"姓名"字段值），每隔 2 秒自动在页面之间切换，如图 7-53～图 7-56 所示。

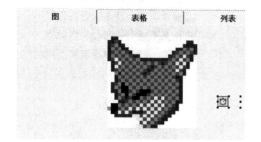

图 7-53 页面转换设计界面

图 7-54 页面转换第一页运行界面

读者卡号	姓名	性别	电话	证件号码	分院
0001	王强	T	18368373885	1420400302	信息
0002	何进	T	18368373994	1420400215	信息
0003	周正	F	18368379495	1520400210	信息
0004	刘协	F	18368372095	1420340101	工商管理
0005	杨休	T	18368372196	1420340102	工商管理
0006	施存	F	18368378989	1420340103	工商管理
0007	司马郎	T	18368378990	1520110101	会计
0008	郭照	F	18368382525	1520110102	会计
0009	张春华	F	18368372526	1520110103	会计
0010	陈力群	T	18368372527	1520110104	会计

图 7-55 页面转换第二页运行界面

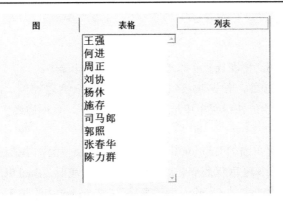

图 7-56　页面转换第三页运行界面

2．知识链接

页框（PageFrame）是容器型对象，包含若干页（Page）。

（1）页框图标：⬚。

（2）功能：页面对象的容器。页面对象也是容器，可以包含其他控件。使用页框、页面和其他控件可以创建各种选项卡。

（3）页框的常用属性如下。

① PageCount 属性：指定页框包含的页面数目，最小值为 0，最大值为 99。

② Pages 属性：一个页面对象数据，可通过数组元素引用页框中的页面。

例如：

```
Thisform.PageFrame1.pages(1).Caption="表格"
&&将表单中页框的第一个页面的标题设置为"表格"
```

③ ActivePage 属性：返回活动页面的序号，或将指定序号的页面设置为活动页面。

（4）页面的常用属性如下。

Caption 属性：用于为页面设置标题。

第一个页面就是 page1，以此类推。前面将页框的第一个页面的标题设置为"表格"的语句也可以写成为

```
Thisform.PageFrame1.page1.Caption="表格"
```

（5）注意事项如下。

编辑页框包含的页时，可以右击页框，在弹出的快捷菜单中选择"编辑"选项，页框边线变为绿色，表示页框进入编辑状态。

3．案例实施

1）设计思路

因为页面每隔 1 秒会自动换页，所以表单应当引入计时器控件。如果页框当前的活动页面（ActivePage）小于页框总页数 PageCount，则每隔 1 秒，ActivePage 的属性值加 1，当 ActivePage

为 3 时再返回到 1。

2）设计步骤

① 创建表单 CH7-16，将表 reader 添加到数据环境设计器中。

② 为表单添加页框控件，设置 PageCount 为 3；添加计时器控件，设置 Interval=2000。

③ 右击页框，在弹出的快捷菜单中选择"编辑"选项，页框边线变为绿色，页框进入编辑状态。

④ 选中 page1，设置页面的 Caption 为"图"，在 page1 中添加图像控件。

⑤ 设置图像的 Picture 为 FOX.bmp、Stretch 为 1-等比裁剪、BackStyle 为 0-透明。

⑥ 选中 page2，设置页面的 Caption 为"表格"，在 page2 中添加表格。

⑦ 设置表格的 RecordSourcetype 为 1-别名，RecordSource 为表"reader"。

⑧ 选中 page3，设置页面的 Caption 为"列表"，在 page3 中添加列表框。

⑨ 设置列表框的 RowSourcetype 为 6，RowSource 为"reader.姓名"。

⑩ 双击计时器，选择过程"Timer"，添加代码如下。

```
IF Thisform.Pageframe1.Activepage< Thisform.Pageframe1.PageCount
        &&如果页框的当前页码小于页框总页数
   Thisform.Pageframe1.Activepage = Thisform.Pageframe1.Activepage +1
        &&页框的当前页码加1
ELSE     &&否则，即页框的当前页码是页框总页数
   Thisform.Pageframe1.Activepage =1   &&页框的当前页码设为1
ENDIF
THISFORM.REFRESH
```

7.4 本章小结

本章在与面向过程程序设计比较的基础上，引入了面向对象程序设计——表单设计的基本方法和特点，并着重对对象类、对象、属性、事件、方法等基本概念进行了说明；结合实例，对表单的创建、对象的引用、属性的设置、事件代码的编写进行了讨论，使用户对如何构建一个完整的表单、如何对表单进行调试有了比较全面的了解。本章涉及的概念和术语比较多，应尽量在案例的基础上去理解和掌握。

思考与练习

1．简述对象、属性、事件、方法的含义。

2．表单由哪两个文件类型组成？

3．什么是数据环境设计器？如何添加和移去数据环境设计器中的表？

4．什么是容器对象？如何编辑容器对象？

5．什么是控件对象？VFP 的控件对象主要有哪些？

6．常用控件对象的基本属性有哪些？

7．常用控件对象的常用方法有哪些？

8．常用控件对象的基本事件有哪些？

9．简述表单设计的基本步骤。

10．引用对象（指定对象）有哪两种方式？

11．设置一个对象的多个属性应采用什么语句？

12．如何打开编辑事件代码的窗口？

13．设计一个表单，从键盘输入任意自然数，判断该数的奇偶性。表单的设计界面和运行界面如图 7-57 和图 7-58 所示。要求：表单的标题为"判断奇偶性"；在文本框中按 Enter 键后，"判断"按钮会自动按下，一次判断完成后焦点置于文本框，并自动选中文本框中的所有信息。

14．设计表单实现时钟显示，表单的背景色随时间呈蓝、绿两色变化（每秒变化一次），初始颜色为蓝色。表单的设计界面和运行界面如图 7-59 和图 7-60 所示。

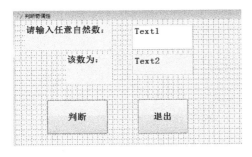

图 7-57　奇偶性判断设计界面

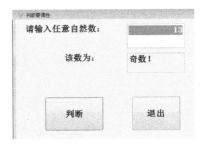

图 7-58　奇偶性判断运行界面

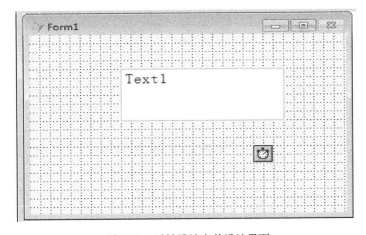

图 7-59　时钟设计表单设计界面

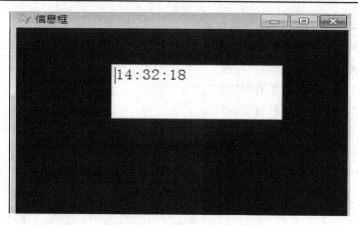

图 7-60   时钟设计表单运行界面

15. 设计一个表单，具体要求如下：表单标题为"信息行右移"；单击"开始"按钮，表单信息行从表单最左端向右慢慢平移，直至移出表单；信息行文字加粗、蓝色。表单的设计界面和运行界面分别如图 7-61 和图 7-62 所示。

图 7-61   信息行右移表单设计界面

图 7-62   信息行右移表单运行界面

第 8 章

图书管理系统表单设计

 本章主要内容

    本章以图书管理系统为例，介绍了该系统包含的单表表单、多表表单的主要设计过程、主要事件代码。

    通过本章的学习，可以实现图书管理系统用户注册、用户修改、用户登录、读者信息录入、读者信息修改、图书借阅、图书归还、读者借阅情况统计、借阅情况查询等功能。

 本章难点提示

    本章的难点是在案例介绍的基础上进一步培养学生独立完成表单设计的能力，提高学生的计算机综合素养。

　　在实际的应用系统中，表单设计通常涉及多个控件，如何合理组织控件并编写相关事件代码，需要不断实践和体会。面对各种类型、功能和格式的表单，设计时应该有一个基本的步骤，至少应考虑以下几点。

　　（1）表单的数据源。

　　① 表单是否涉及表，涉及哪几张表。

　　② 各表之间的关系，如是自由表还是数据库表，是否需要关联，需要永久关联还是临时关联。

　　③ 是否采用数据环境。

　　（2）显示数据的格式。

　　① 选用何种格式进行布局。

　　② 选用哪些控件对象，是否需要在属性窗口中设置这些对象的静态属性。

　　（3）交互操作的方式。

　　① 用户如何交互操作。

　　② 选用哪些控件对象实现这种交互。

　　③ 是否需要添加新的属性或方法。

　　④ 选用哪些事件代码程序，完成哪些操作。

　　"图书管理系统"就是在这几点的基础上设计的综合应用系统。

8.1　案例描述

　　管理员通过"图书管理系统"可以实现图书信息的管理，包括图书信息的录入、修改、查询、统计，以及对读者用户的管理，包括读者信息的录入、修改、借阅情况统计、逾期情况统计等。下面先来看一些主要的表单文件运行结果。

　　用户注册、用户修改密码、用户登录界面分别如图 8-1～图 8-3 所示。

图 8-1　用户注册界面

图 8-2　用户修改密码界面

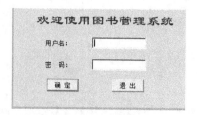

图 8-3　用户登录界面

图书管理员对读者信息的管理主要包括以下几项。

（1）读者管理：包括读者信息的录入、修改，如图 8-4 和图 8-5 所示。

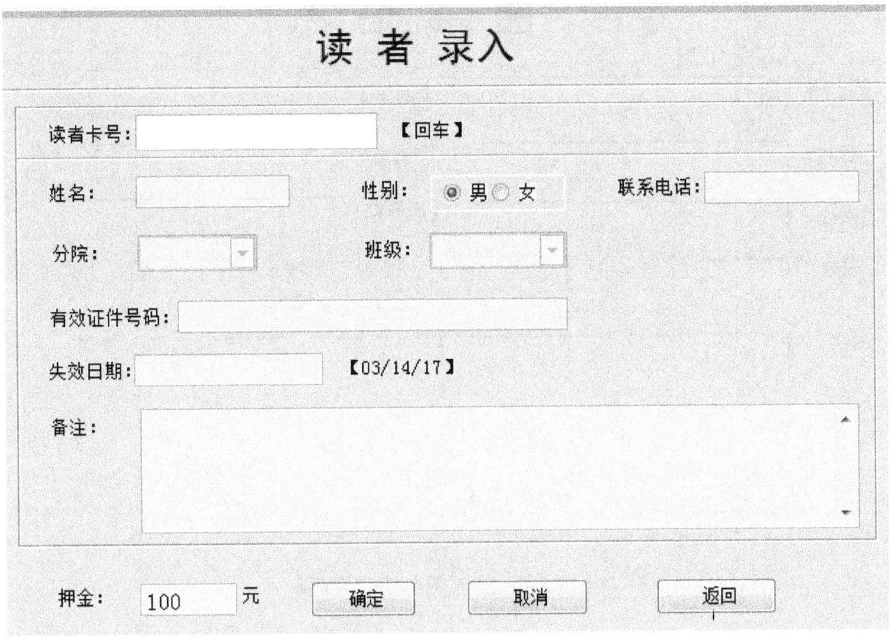

图 8-4　读者录入界面

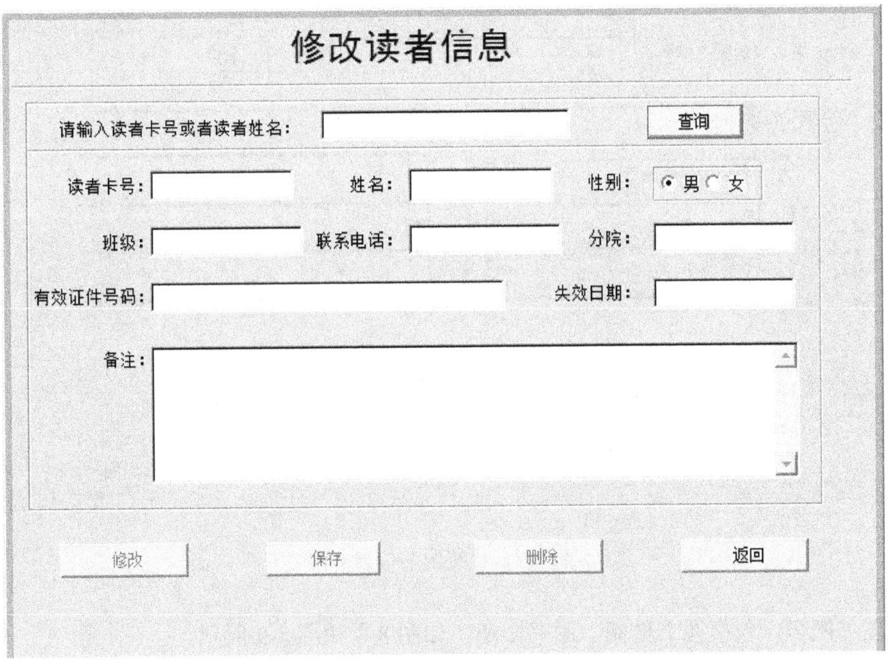

图 8-5　修改读者信息界面

（2）图书管理：包括录入图书信息、修改图书信息，如图 8-6 和图 8-7 所示。

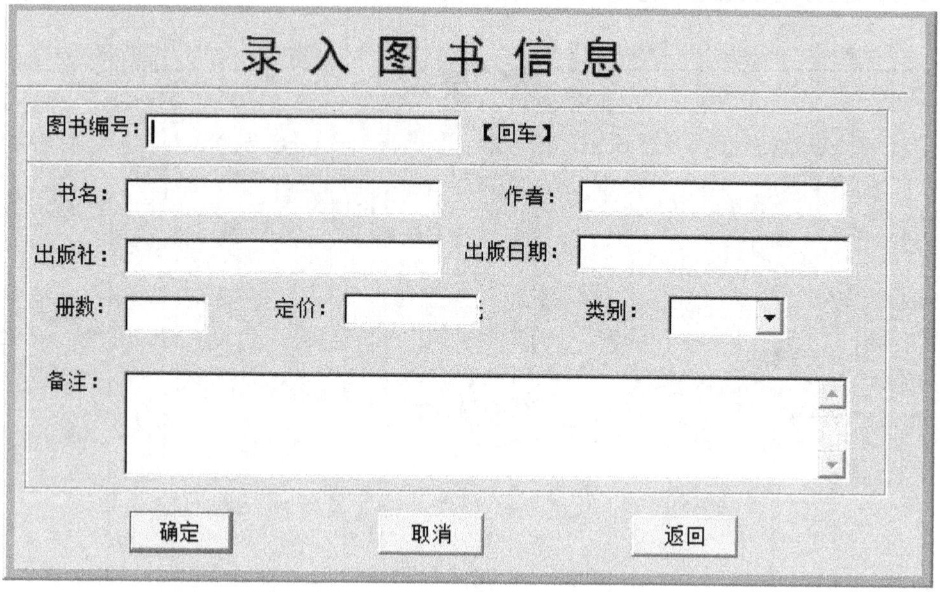

图 8-6　录入图书信息界面

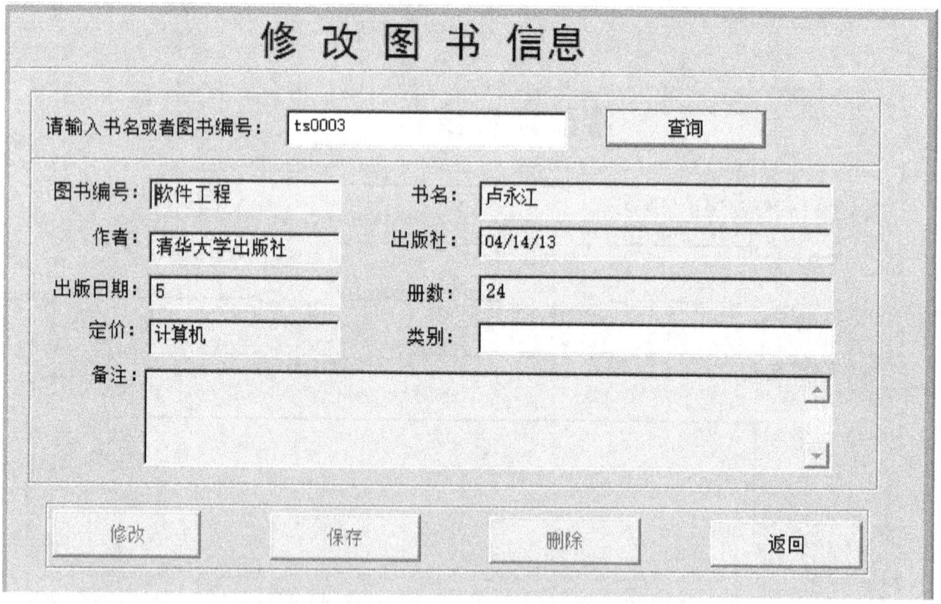

图 8-7　修改图书信息界面

（3）图书服务：包括图书借阅、图书归还，如图 8-8 和图 8-9 所示。

（4）查询和统计：包括图书查询与统计、图书借阅情况统计、图书分类统计、逾期记录统计，如图 8-10～图 8-13 所示。

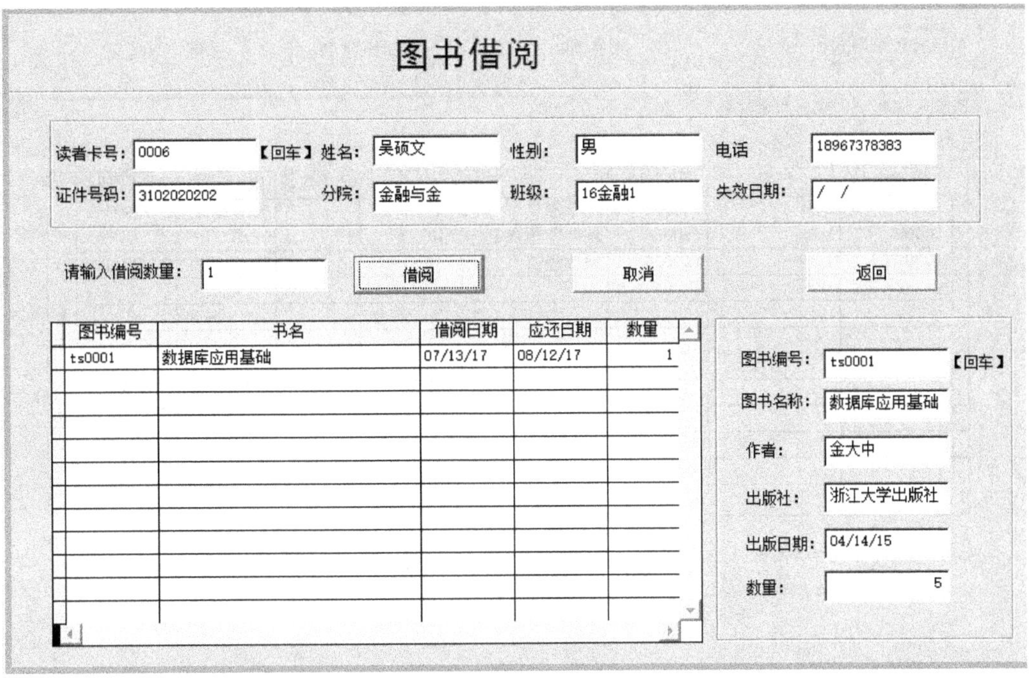

图书借阅

读者卡号： 0006 【回车】 姓名： 吴硕文 性别： 男 电话 18967378383

证件号码： 3102020202 分院： 金融与金 班级： 16金融1 失效日期： / /

请输入借阅数量： 1 　　 借阅 　　 取消 　　 返回

图书编号	书名	借阅日期	应还日期	数量
ts0001	数据库应用基础	07/13/17	08/12/17	1

图书编号： ts0001 【回车】

图书名称： 数据库应用基础

作者： 金大中

出版社： 浙江大学出版社

出版日期： 04/14/15

数量： 5

图 8-8 图书借阅界面

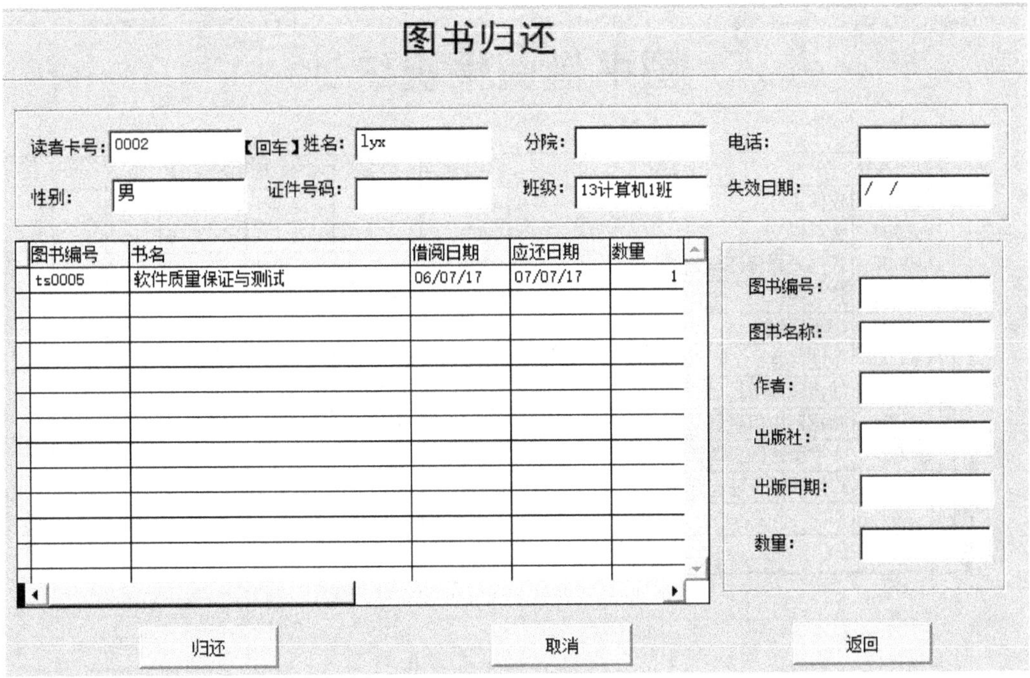

图书归还

读者卡号： 0002 【回车】姓名： 1yx 分院： 电话：

性别： 男 证件号码： 班级： 13计算机1班 失效日期： / /

图书编号	书名	借阅日期	应还日期	数量
ts0005	软件质量保证与测试	06/07/17	07/07/17	1

图书编号：

图书名称：

作者：

出版社：

出版日期：

数量：

归还 　　 取消 　　 返回

图 8-9 图书归还界面

图 8-10　图书查询与统计界面

图书借阅情况统计

图书编号	书名	读者卡号	姓名	借阅数量	库存数量		
ts0003	软件工程	0001	王何	1	5		
ts0004	大学语文	0002	lyx	1	5		
ts0005	软件质量保证与测试	0002	lyx	1	4		
ts0006	现代经济	0002	lyx	1	5		
ts0007	雍正皇帝	0003	周正	1	4		
ts0008	查理九世	0003	周正	1	4		
ts0001	数据库应用基础	0006	吴硕文	1	4		
ts0001	数据库应用基础	0001	王何	1	4		
ts0009	大学英语四级考试	0003	周正	1	4		
ts0002	软件质量保证与测试	0001	王何	1	5		

统计　　　　　打印　　　　　返回

图 8-11　图书借阅情况统计界面

图 8-12　图书分类统计界面

图 8-13　图书逾期记录统计界面

这里所展示的每一个界面都是一个表单文件。通过本章的学习要求大家学会这些基本的表单设计。

8.2　案例实施

因为这些表单都属于项目"图书管理系统"，所以创建表单的操作步骤如下。

（1）打开项目"图书管理系统"，选择"文档"选项卡，选择"表单"选项。

（2）选择"显示"→"数据环境"选项，将需要的表添加到数据环境设计器中。

（3）根据题目要求选择表单需要的控件、设置表单及控件的属性、选择表单及控件事件并编写代码。

这里已经为图书管理系统创建了多个表文件，表单设计的数据环境需要涉及其中的若干文件。可以把系统设计的表单分为两大类，包括单表表单和多表表单。

8.2.1　单表表单案例实施

单表表单的特征就是表单的数据环境中只包含一张表。

1.【用户注册】表单（源文件：yhzc.scx）

运行表单，实现用户注册功能，如图 8-14 所示。

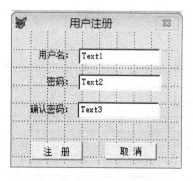

图 8-14　用户注册界面

其数据环境中包含表 passwordinfo。

其主要事件代码如下。

① 双击【注册】按钮，打开 Click 事件代码编写窗口，写入代码完成注册功能。

```
sele passwordinfo          &&选择表文件passwordinfo
  locate for allt(用户名)=allt(thisform.text1.value)
                 &&在表中查询是否有输入的用户名
  if !eof()                 &&如果有
  messagebox("用户名已存在，请重新输入！",64,"信息提示")
```

```
                              &&返回消息"用户名已存在，请重新输入！"
thisform.text1.value=""    &&以下3个语句用于将text1、text2、text3的当前值清空
thisform.text2.value=""
thisform.text3.value=""
thisform.text1.setfocus        &&光标定位在 text1上
else
if allt(thisform.text2.value)!=allt(thisform.text3.value)
                        &&如果密码和确认密码不相同
messagebox("确认密码错误，请重新输入！",64,"信息提示")    &&返回消息
thisform.text2.value=""        &&以下2个语句用于将text2和text3当前值清空
thisform.text3.value=""
thisform.text2.setfocus        &&光标定位在text2上
else
append   blank                 &&在表文件passwordinfo的末尾添加一条空白记录
repl 用户名 with  allt(thisform.text1.value)
repl 密码 with  allt(thisform.text2.value)
                        &&将"用户名"和"密码"字段值分别用文本框中输入的值取代
thisform.text1.value=""    &&以下3个语句用于将text1、text2、text3的值清空
thisform.text2.value=""
thisform.text3.value=""
endif
endif
```

② 双击【取消】按钮，打开 Click 事件代码编写窗口，结束表单的运行。

```
thisform.release    &&释放表单，结束运行
```

③ 选择“表单”→“执行表单”选项或单击工具栏中的 ▐ 按钮，运行表单。

2. 【用户修改密码】表单（源文件：yhxg.scx）

运行表单，实现用户对密码的修改，如图 8-15 所示。

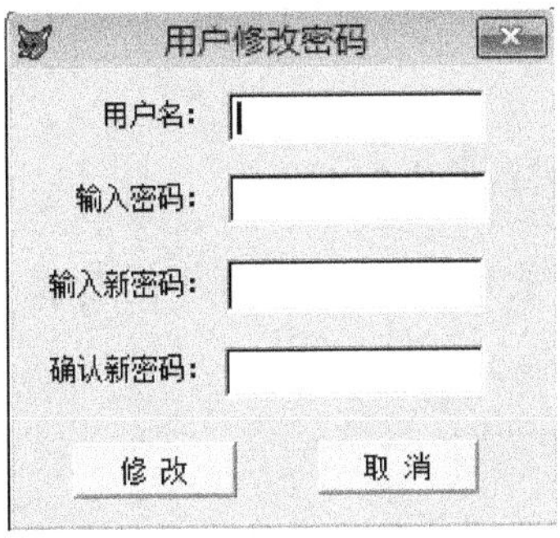

图 8-15　用户修改密码运行界面

其数据环境中包含表 passwordinfo。

其主要事件代码如下。

双击【修改】按钮，打开 Click 事件代码编写窗口，写入代码，实现密码修改功能。

```
sele passwordinfo &&选择表文件passwordinfo
locate for allt(用户名)=allt(thisform.text1.value)&&在表中查找是否有该用户名
if eof()                                      &&如果没有
messagebox("此用户不存在，请重新输入！",64,"提示")    &&返回消息
thisform.setall("value","","textbox")     &&将表单中所有的文本框当前值都清空
        thisform.text1.setfocus                   &&光标定位在text1上
else
if !allt(密码)==allt(thisform.text2.value)
    &&如果表文件当前用户的密码与输入密码不一致
            messagebox("密码错误，请重新输入！",64,"提示")&&返回消息
            thisform.text2.value=""   &&下面3个语句用于将text2、text3、text4清空
            thisform.text3.value=""
            thisform.text4.value=""
            thisform.text2.setfocus  &&光标定位在text2上
    else
    if !allt(thisform.text3.value)==allt(thisform.text4.value)
                    &&如果输入新密码与确认新密码不一致
            messagebox("确认密码错误，请重新输入！",64,"提示")&&返回提示消息
            thisform.text3.value="" &&将text3、text4当前值清空
            thisform.text4.value=""
            thisform.text3.setfocus
    else
            repl 密码 with allt(thisform.text4.value)
            &&将表的"密码"字段值用新密码取代
            thisform.release &&释放表单
    endif
    endif
    endif
```

3. "用户登录"表单（源文件：yhdl.scx）

运行表单，实现用户登录系统功能，登录界面中的文本"欢迎使用图书管理系统"从右向左动态移动，如图 8-16 所示。

其数据环境中包含表 passwordinfo。

其主要事件代码如下。

① 双击"确定"按钮，打开 Click 事件代码编写窗口，写入以下代码。

```
sele passwordinfo           &&选择表文件passwordinfo
```

```
    locate for allt(用户名)=allt(thisform.text1.value) .and. allt(密
码)=allt(thisform.text2.value)   &&在表文件中查找用户名和密码都相同的记录
    if eof()                   &&如果找不到
        messagebox("用户名或密码错误，请重新输入！",64,"提示")  &&返回消息
        thisform.text1.value=""         &&将text1、text2清空
        thisform.text2.value=""
        thisform.text1.setfocus()       &&光标定位在text1上
    else
    thisform.release                    &&表单结束运行
    endif
    cyonghu=allt(thisform.text1.value)   &&输入的用户名赋给变量cyonghu
    cmima=allt(thisform.text2.value)     &&输入的密码赋给变量cmima
    do menu.mpr                          &&执行菜单mpr
    thisform.release
```

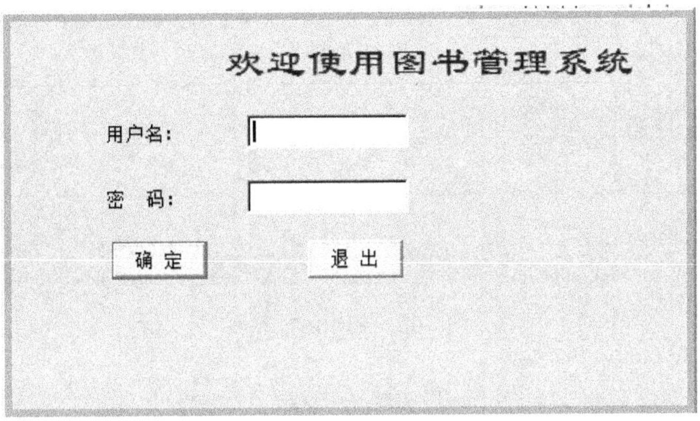

图 8-16　登录界面

② 双击【退出】按钮，打开 Click 事件代码编写窗口，写入以下代码。

```
    thisform.release       &&释放表单
    quit                   &&退出
```

③ 双击计时器(Timer1)，打开 Timer 事件代码编写窗口，写入以下代码。

```
    if thisform.label1.left<-220        &&如果label1与表单左边的距离<-220
    thisform.label1.left=thisform.width  &&label1向右跳出表单
        thisform.label1.left=thisform.label1.left-5
                                        &&label1向左移动5像素
    else
        thisform.label1.left=thisform.label1.left-5
                                        &&label1向左移动5像素
    endif
```

4. "读者录入"表单（源文件：dzlr.scx）

运行表单，实现管理员输入读者基本情况，完成读者信息录入功能，数据环境中包含表 reader，管理员输入读者卡号，卡号不能为空，按 Enter 键，判断该读者卡号是否已存在，如果已存在，提示消息"读者卡号已经存在，请重新输入！"，否则，输入读者的相关信息，单击"确定"按钮，将该读者信息添加到表 reader 中，单击"取消"按钮，清空表单输入，光标回到第一个文本框，单击"返回"按钮，结束表单运行，如图 8-17～8-20 所示。

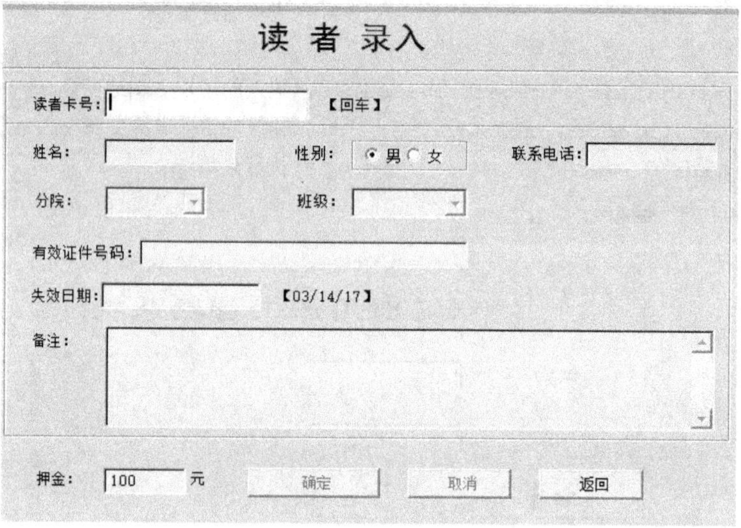

图 8-17　初始运行界面

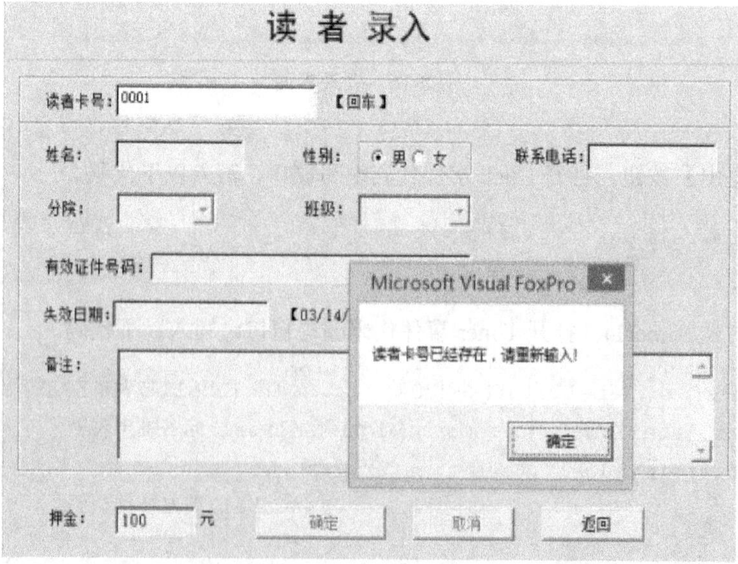

图 8-18　输入卡号重复界面

图 8-19 单击"取消"按钮的运行界面

图 8-20 单击"确定"按钮的运行界面

表 reader 中有一个逻辑型字段"性别",默认对应的控件是复选框,但复选框显示的效果和人们平时的习惯不太一致。如果要使界面更符合用户的习惯,则在表单中可以通过选项按钮组显示"性别"字段,如图 8-21 所示。

图 8-21 使用选项按钮组显示"性别"字段

在属性窗口中设置 OptionGroup1 包含的按钮 option1 的 Caption 为"男",option2 的 Caption 为"女"。

在"确定"按钮的 Click 事件中写入以下代码。

```
IF  thisform.optiongroup1.Value=1   &&如果.optiongroup1选中第1个按钮option1
         REPLACE 性别 WITH .t.       &&"性别"字段值替换为.t.
ELSE                       &&否则，即如果.optiongroup1选中第2个按钮option2
REPLACE 性别 WITH .f.          &&"性别"字段值替换为.f.
ENDIF
```

表单的其他主要事件代码如下。

① 双击表单空白处，选择过程"Init"，写入表单的 Init 事件代码。

```
SET SAFETY OFF                  &&关闭安全设置
this.combo1.RowSourceType = 0   &&组合框Combo1的.RowSourceType属性为0
INDEX   on 分院 TO fy unique     &&reader按照"分院"字段建立唯一索引
SCAN
thisform.combo1.AddItem(分院)    &&将reader的"分院"字段值写入组合框
ENDSCAN
SET INDEX TO
thisform.text6.Value="100"       &&为text6赋值"100"
thisform.text1.SelectOnEntry = .t.            &&设置text1的输入唯一性
thisform.SetAll("readonly",.t.,"textbox")  &&设置表单中所有文本框的值都不可修改
thisform.text1.readonly =.f.       &&设置文本框text1的值可修改
thisform.optiongroup1.Enabled =.f.   &&设置选项按钮组不可选
thisform.combo1.enabled=.f.         &&设置combo1不可用
thisform.combo2.Enabled =.f.        &&设置combo2不可用
thisform.edit1.ReadOnly =.t.        &&设置edit1的值不可修改
thisform.command1.Enabled =.f.      &&设置command1不可触发
thisform.command2.Enabled =.f.      &&设置command2不可触发
thisform.Refresh                    &&刷新表单
```

② 双击 text1，选择过程"Valid"，判断输入卡号是否为空或已存在，写入以下代码。

```
SELECT reader                     &&选择表文件reader
cardno=ALLTRIM(thisform.text1.Value)
if cardno==""                     &&如果输入卡号为空
  messagebox("请输入读者卡号! ",64,"提示") &&返回消息
  RETURN .f.                      &&光标定位在text1上
ELSE
  LOCATE FOR ALLTRIM(读者卡号)==cardno
  &&查询reader中"读者卡号"字段与输入相同的记录
IF   FOUND()   &&如果有这样的记录
    MESSAGEBOX("读者卡号已经存在，请重新输入!")&&返回消息
    thisform.command2.click        &&执行"取消"按钮的单击事件
    RETURN .f.                      &&光标定位text1
ELSE
```

```
      thisform.SetAll("readonly",.f.,"textbox")  &&所有文本框的内容可以被修改
      thisform.optiongroup1.Enabled =.t.              &&选项按钮组可以被触发
      thisform.combo1.Enabled =.t.     &&combo1、combo2可以触发
      thisform.combo2.Enabled =.t.
      thisform.edit1.ReadOnly =.f.     &&编辑框可以修改
      thisform.command1.Enabled =.t.  &&command1、command2可以触发
      thisform.command2.Enabled =.t.
ENDIF
ENDIF
thisform.Refresh
```

③ 双击"确定"按钮，选择过程"Click"，写入"确定"按钮的 Click 事件代码。

```
SELECT  reader
    APPEND BLANK                           &&添加空白记录
  REPLACE 读者卡号 WITH  ALLTRIM(thisform.text1.Value)
                              &&"读者卡号"字段值被text1的输入值替换
  REPLACE 姓名  WITH  ALLTRIM(thisform.text2.Value)
                              &&"姓名"字段值被text2的输入值替换
    IF  thisform.optiongroup1.Value=1&&如果.optiongroup1选中第1个按钮
      REPLACE 性别 WITH .t     .       &&"性别"字段值替换为.t.
    ELSE
      REPLACE 性别 WITH .f. .          &&"性别"字段值替换为.f.
    ENDIF
REPLACE 班级 with  ALLTRIM(thisform.combo2.displayValue )
                          &&"班级"字段值被.combo2的当前值替换
REPLACE 电话 WITH  ALLTRIM(thisform.text3.value)
                          &&"电话"字段值被text3的输入值替换
REPLACE 分院 WITH  ALLTRIM(thisform.combo1.DisplayValue)
                          &&"分院"字段值被.combo1的当前值替换
REPLACE 证件号码 WITH  ALLTRIM(thisform.text4.Value )
                          &&"证件号码"字段值被text4的输入值替换
REPLACE 失效日期  WITH  CTOD(ALLTRIM(thisform.text5.value))
                          &&"失效日期"字段值被text5的输入值替换
REPLACE 备注 WITH  thisform.edit1.Value
                          &&"备注"字段值被edit1的输入值替换
REPLACE 押金  WITH  VAL(ALLTRIM(thisform.text6.value))
                          &&"押金"字段值被text6的输入值替换
    MESSAGEBOX('保存成功!')
 thisform.SetAll("readonly",.t.,"textbox")  &&设置表单中所有文本框的值不可修改
  thisform.text1.readonly =.f.          &&设置文本框text1可以修改
  thisform.optiongroup1.Enabled =.f.        &&选项按钮组可以被触发
```

```
thisform.combo1.Enabled =.f.                && combo1、combo2不可以被触发
thisform.combo2.Enabled =.f.
thisform.edit1.ReadOnly =.t.                && 设置编辑框不可修改
thisform.SetAll("value","","textbox" )      && 将表单中的所有文本框清空
thisform.optiongroup1.Value=1
thisform.combo1.displayValue =""
thisform.edit1.Value=""
thisform.text1.setfocus
thisform.Refresh
```

④ 双击"取消"按钮，选择过程"Click"，写入"取消"按钮的 Click 事件代码。

```
thisform.setall("value","","textbox")       && 将所有文本框的当前值清空
thisform.edit1.Value =""                     && 编辑框中的值清空
thisform.optiongroup1.Value=1                && 选项按钮组选中第1个按钮
thisform.SetAll("readonly",.t.,"textbox")    && 所有文本框中的值都不可修改
thisform.text1.readonly =.f.                 && text1可修改
thisform.optiongroup1.Enabled =.f.           && 选项按钮组不可选
thisform.combo1.Enabled =.f.                 && 组合框combo1不可用
thisform.combo2.Enabled =.f.                 && 组合框combo2不可用
thisform.edit1.ReadOnly =.t.                 && 编辑框edit1不可修改
thisform.text1.setfocus()                    && 光标定位在text1上
```

　　模仿"读者录入"表单的设计完成"录入图书信息"表单的设计，数据环境中包含表 book，其基本功能与"读者录入"表单相似，各运行界面如图 8-22～8-25 所示。

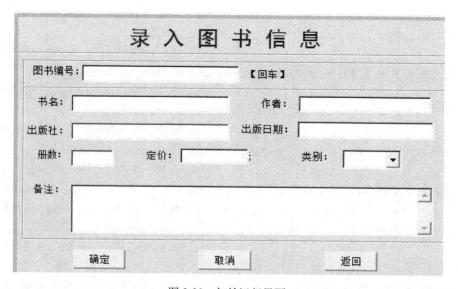

图 8-22　初始运行界面

图 8-23　图书编号重复界面

图 8-24　单击"确定"按钮的运行界面

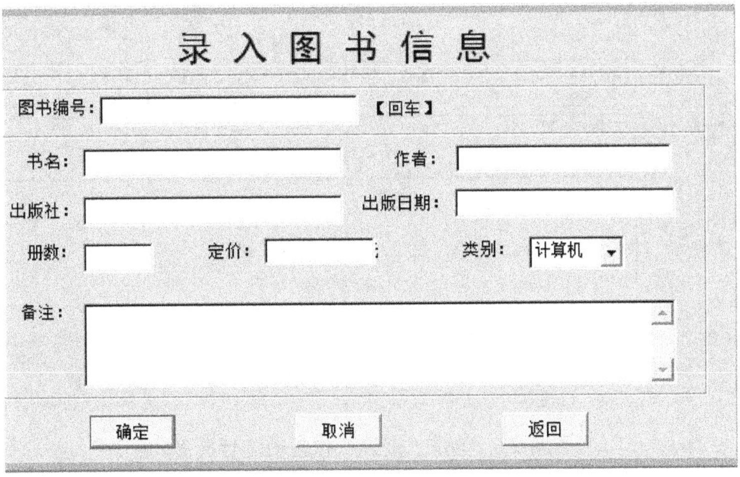

图 8-25　单击"取消"按钮的运行界面

5. "修改读者信息"表单（源文件：xgdzxx.scx）

设计"修改读者信息"表单，数据环境中包含表 reader，管理员可修改指定读者的信息，输入读者卡号或姓名，单击"查询"按钮，显示读者信息但不能修改；单击"修改"按钮，可以在表单中对图书信息进行修改；单击"保存"按钮，可将修改结果存入表 reader；单击"删除"按钮，将该记录从表 reader 中删除；单击"返回"按钮，结束表单运行，如图 8-26～图 8-30 所示。

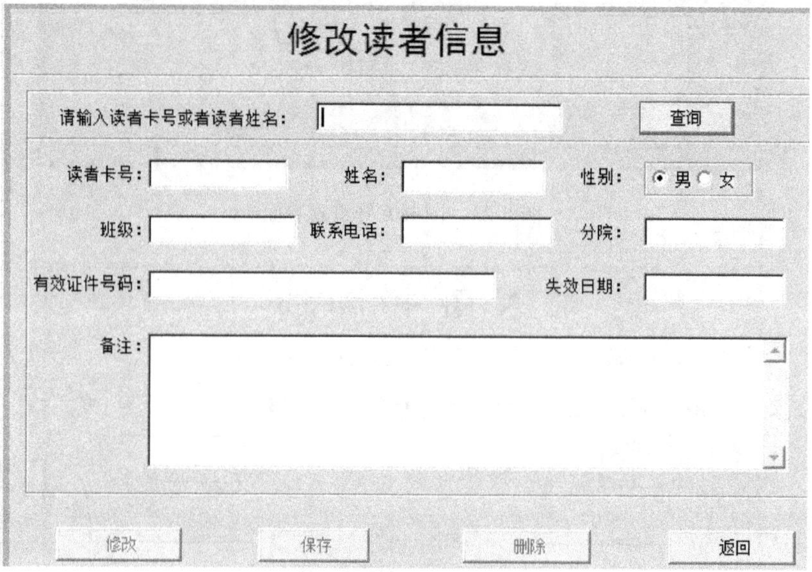

图 8-26　初始运行界面

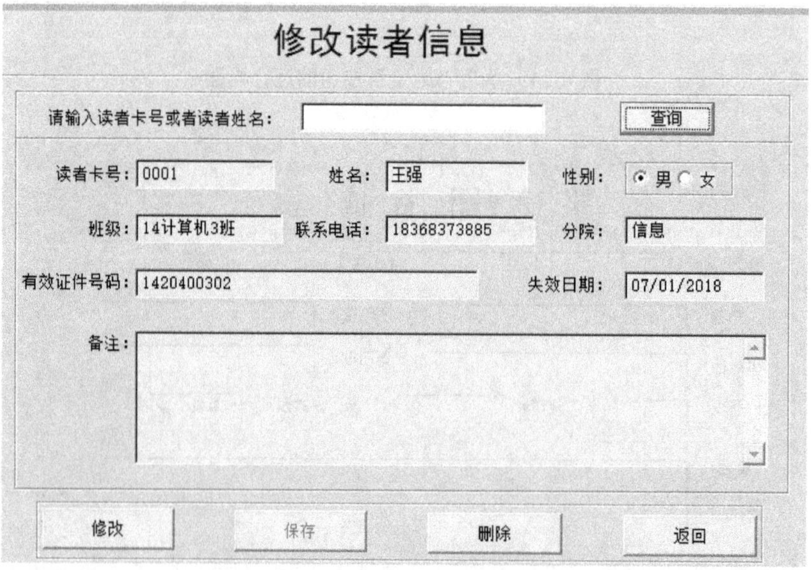

图 8-27　单击"查询"按钮的运行界面

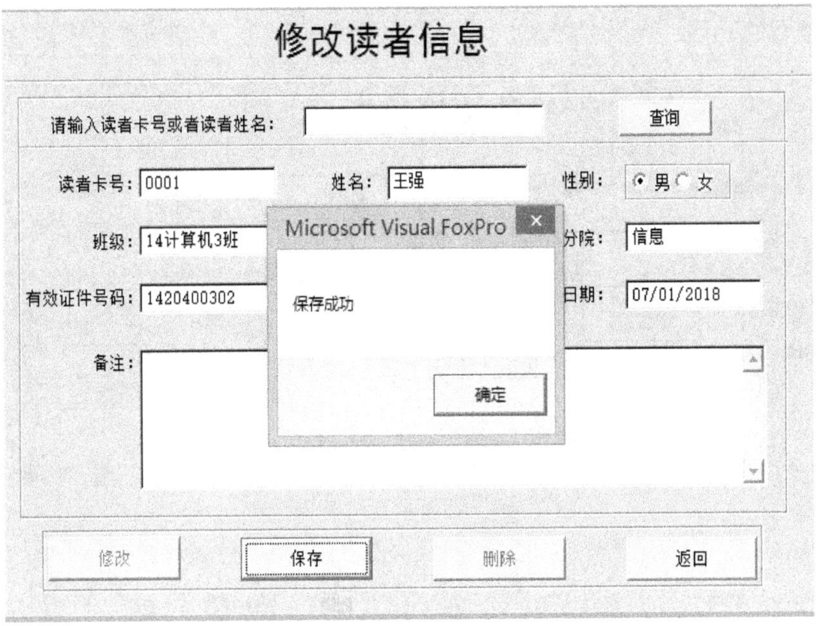

图 8-28 单击"保存"按钮的运行界面

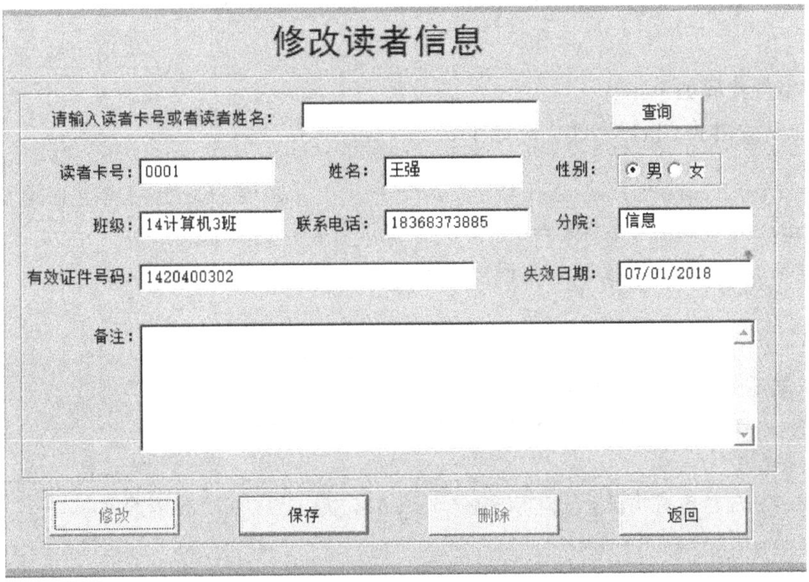

图 8-29 单击"修改"按钮的运行界面

同样，表 reader 的"性别"字段也是通过选项按钮组输出的，因此，在"查询"按钮的 Click 事件中写入以下代码。

```
IF  性别            &&如果"性别"字段值为.t.
        thisform.optiongroup1.Value=1 && optiongroup1选中按钮1(option1)
ELSE              &&否则
        thisform.optiongroup1.Value=2 && optiongroup1选中按钮2(option2)
```

```
ENDIF
```

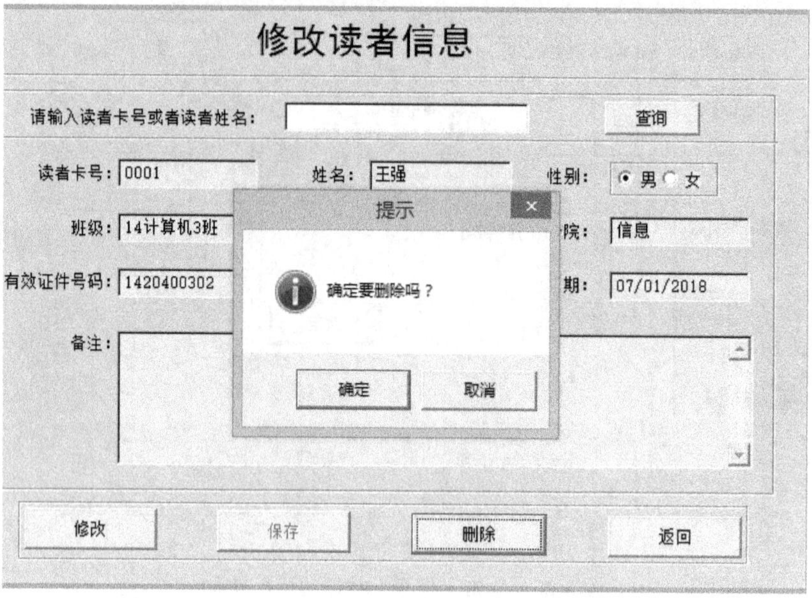

图 8-30　单击"删除"按钮的运行界面

其他主要事件代码如下。

① "查询"按钮的 Click 事件代码如下。

```
if  allt(thisform.text1.value)==""           &&如果text1中没有内容输入
messagebox("请输入姓名或卡号！",64,"提示")   &&返回消息
thisform.text1.setfocus&&光标定位Text1
else
locate for allt(姓名)=allt(thisform.text1.value) .or.
allt(读者卡号)=allt(thisform.text1.value)
&&查找reader中"姓名"或"读者卡号"字段值与输入值一致的记录
 if  eof()                                    &&如果没有
messagebox("没有此记录，请重新输入！",64,"提示")  &&返回消息
thisform.text1.setfocus                       &&光标定位在text1上
else
thisform.SetAll("readonly",.t.,"textbox")     &&所有文本框中的值不可修改
thisform.text1.ReadOnly =.f.                  &&text1可修改
thisform.edit1.ReadOnly =.t.                  &&edit1不可修改
thisform.text2.Value=读者卡号                 &&表文件"读者卡号"字段值赋给text2
thisform.text3.Value=姓名                     &&表文件"姓名"字段值赋给text3
thisform.optiongroup1.Enabled =.f.            &&optiongroup1不可选
IF  性别                                      &&如果"性别"字段值为.t.
thisform.optiongroup1.Value=1                 &&optiongroup1选中按钮1
```

```
        ELSE
        thisform.optiongroup1.Value=2                    &&optiongroup1选中按钮2
        ENDIF
        thisform.text4.Value= 班级                        &&表文件"班级"字段值赋给text4
        thisform.text5.Value=电话                         &&表文件"电话"字段值赋给text5
        thisform.text6.value=分院                         &&表文件"分院"字段值赋给text6
        thisform.text7.Value=证件号码                      &&表文件"证件号码"字段值赋给text7
        thisform.text8.Value=失效日期                      &&表文件"失效日期"字段值赋给text8
        thisform.edit1.Value=备注                         &&表文件"备注"字段值赋给edit1
        endif
        ENDIF
        thisform.text1.Value=""&&text1清空
        thisform.command2.Enabled =.T.                   &&"修改"按钮可用
        thisform.command3.Enabled =.F.                   &&"保存"按钮不可用
        THISFORM.command4.Enabled =.T.                   &&"删除"按钮可用
        thisform.Refresh
```

② "修改"按钮的 Click 事件代码如下。

```
        thisform.SetAll("readonly",.f.,"textbox")        &&所有文本框中的值可修改
        thisform.optiongroup1.Enabled =.t.               &&optiongroup1可选
        thisform.edit1.ReadOnly =.f.                     &&edit1可修改
        this.enabled=.f.                                 &&"修改"按钮不可用
        thisform.command3.Enabled =.t.                   &&"保存"按钮可用
        thisform.command4.Enabled =.f.                   &&"删除"按钮不可用
```

③ "保存"按钮 Click 事件代码如下。

```
        thisform.SetAll("readonly",.f.,"textbox")        &&所有文本框中的值可修改
        thisform.optiongroup1.Enabled =.t.               &&optiongroup1可选
        thisform.edit1.ReadOnly =.f.                     &&编辑框edit1可修改
        this.enabled=.f.                                 &&"保存"按钮不可用
        thisform.command3.Enabled =.t.                   &&"保存"按钮可用
        thisform.command4.Enabled =.f.                   &&"删除"按钮不可用
        thisform.SetAll("readonly",.f.,"textbox")        &&所有文本框中的值不可修改
        thisform.optiongroup1.Enabled =.t.               &&optiongroup1可选
        thisform.edit1.ReadOnly =.f.                     &&编辑框edit1不可修改
        this.enabled=.f.                                 &&"保存"按钮不可用
        thisform.command3.Enabled =.t.                   &&"保存"按钮可用
        thisform.command4.Enabled =.f                    &&"删除"按钮不可用
```

④ "删除"按钮的 Click 事件代码如下。

```
        del=messagebox("确定要删除吗？",1+64,"提示")
        if del==1
```

```
delete                                          &&逻辑删除当前记录
PACK                                            &&物理删除当前记录
ENDIF
thisform. command2. Enabled =. f.               &&"修改"按钮不可用
thisform. command4. Enabled =. f.               &&"删除"按钮不可用
thisform. SetAll("value","","textbox")          &&所有文本框清空
thisform. edit1. Value =""                      &&编辑框清空
thisform. optiongroup1. Value =1                && optiongroup1.选中按钮1
```

模仿"修改读者信息表单的设计"完成"修改图书信息"表单的设计，数据环境中包含表 book，各运行界面如图 8-31～图 8-35 所示。

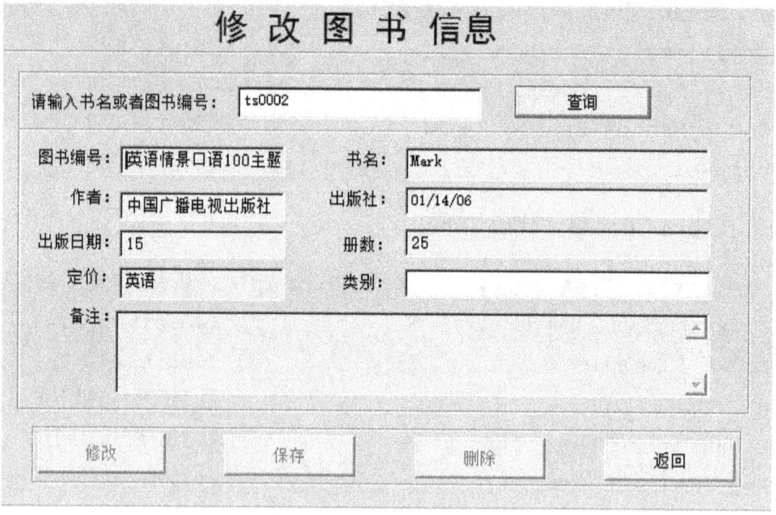

图 8-31   初始运行界面

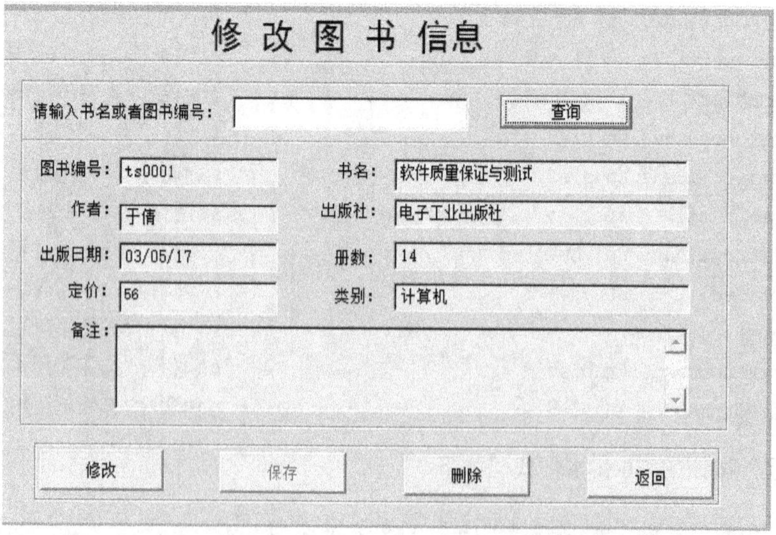

图 8-32   单击"查询"按钮的运行界面

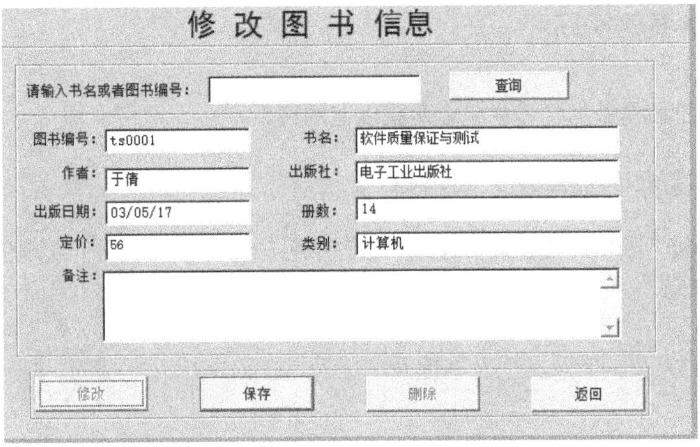

图 8-33　单击“修改”按钮的运行界面

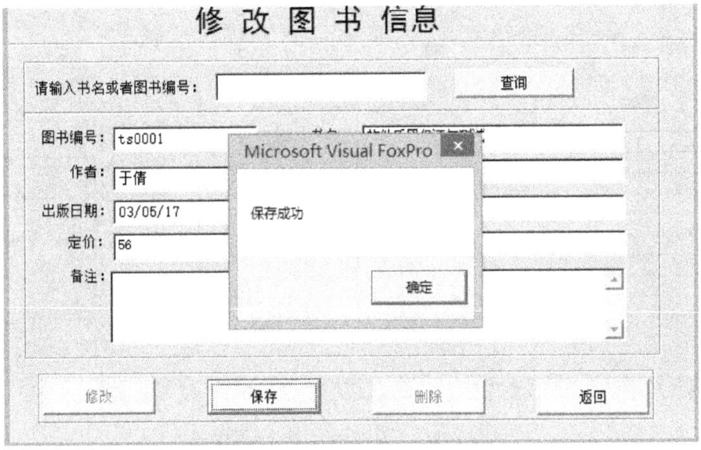

图 8-34　单击“保存”按钮的运行界面

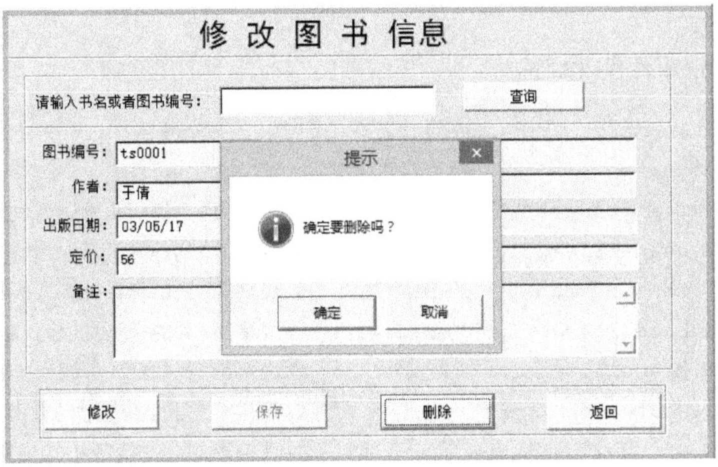

图 8-35　单击“删除”按钮的运行界面

8.2.2 多表表单案例实施

多表表单的特征就是数据环境中包含两张以上的表。

1. 【图书借阅】表单（源文件：tsjy.scx）

设计"图书借阅"表单，使管理员通过"读者卡号"或"图书编号"实现图书的查阅、借阅、预约，如图 8-36 所示。

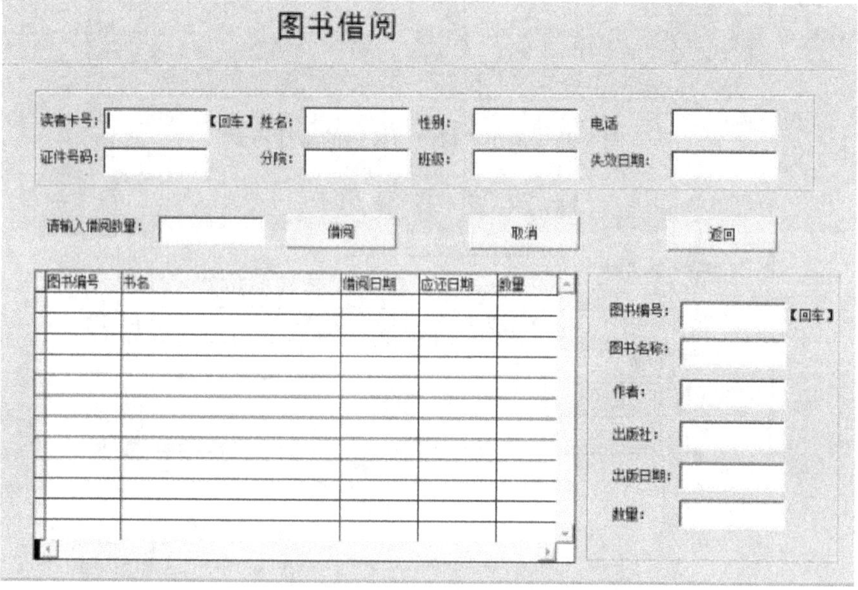

图 8-36 图书借阅运行界面

其数据环境中包含 4 张表，分别是 book、reader、borrow、temp。

其主要事件代码如下。

① Form 的 Init 事件代码如下。

```
with  thisform.grid1         &&设置表格(grid1)的多个属性
.columncount=5               &&表格包含5列
.column1.header1.caption="图书编号"    &&表格第1列的标头标题为"图书编号"
.column2.header1.caption="书名"        &&表格第2列的标头标题为"书名"
.column3.header1.caption="借阅日期"    &&表格第3列的标头标题为"借阅日期"
.column4.header1.caption="应还日期"    &&表格第4列的标头标题为"应还日期"
.column5.header1.caption="数量"        &&表格第5列的标头标题为"数量"
.column1.width=70            &&表格第1列的宽度为70像素
.column2.width=200           &&表格第2列的宽度为200像素
.column3.width=70            &&表格第3列的宽度为70像素
.column4.width=70            &&表格第4列的宽度为70像素
```

```
      .column5.width=70                          &&表格第5列的宽度为70像素
      .RecordSourceType = 1                       &&表格的数据源类型为1
      .RecordSource=""                            &&表格的数据源为空
    ENDWITH
SET SAFETY OFF                                     &&关闭安全设置
```

② text1 的 Valid 事件用于判断该读者卡号是否存在，若存在，则列出借阅明细，否则重新输入读者卡号，其代码如下。

```
SELECT reader
cardno=ALLTRIM(thisform.text1.value)
LOCATE FOR ALLTRIM(读者卡号)==cardno
   &&查询reader中"读者卡号"字段值与输入值相同的记录
IF FOUND()                                         &&如果找到了
 thisform.text2.Value=ALLTRIM(reader.姓名)
 &&reader中当前记录的"姓名"字段值通过text2输出
 IF 性别                                            &&如果当前记录的"性别"字段的值为.t.
         thisform.text3.Value="男"                 &&text3输出"男"
 ELSE
         thisform.text3.Value="女"                 &&text3输出"女"
 ENDIF
   thisform.text4.Value=ALLTRIM(reader.电话)
                                        &&text4输出当前记录的"电话"字段值
   thisform.text5.Value=ALLTRIM(reader.证件号码)
                                        &&text5输出当前记录的"证件号码"字段值
   thisform.text6.Value=ALLTRIM(reader.分院)
                                        &&text6输出当前记录的"分院"字段值
   thisform.text7.Value=ALLTRIM(reader.班级)
                                        &&text7输出当前记录的"班级"字段值
   thisform.text8.Value=ALLTRIM(dtoc(失效日期))
                                        &&text8输出当前记录的"失效日期"字段值
SELECT borrow.图书编号,书名,借阅日期,借阅日期+借阅天数  as 应还日期,数量 FROM
borrow,book WHERE 读者卡号=cardno AND 归还状态=.f. AND borrow.图书编号=book.图书编号
INTO table temp
       &&从表borrow和book中查询读者未还书明细，将查询结果保存到新表temp中
   thisform.grid1.RecordSourceType = 0            &&表格的数据源类型为0
   thisform.grid1.RecordSource="temp"             &&将表temp作为表格的数据源
   with thisform.grid1                            &&设置表格的列数及各个列的宽度属性
    .columncount=5
    .column1.width=70
    .column2.width=200
```

```
        .column3.width=70
        .column4.width=70
        .column5.width=70
      ENDWITH
   ELSE
   MESSAGEBOX("读者卡号不存在, 请重新输入!")          &&显示消息
   Return  .F.                                        &&光标不能离开text1
   ENDIF
   thisform.Refresh
```

③ text9 的 Valid 事件用于判断该图书编号是否存在, 其代码如下。

```
   SELECT book          &&选择表文件book
   bookno=ALLTRIM(thisform.text9.value)          &&text9的输入值赋给变量bookno
   LOCATE FOR ALLTRIM(图书编号)==bookno
   &&查找book中"图书编号"字段值与输入值相同的记录
   IF FOUND()                                    &&如果找到了
   thisform.text9.Value=ALLTRIM(图书编号)        &&text9输出当前记录的"图书编号"
   thisform.text10.Value=ALLTRIM(书名)           &&text10输出当前记录的"书名"
   thisform.text11.Value=ALLTRIM(作者)           &&text11输出当前记录的"作者"
   thisform.text12.Value=ALLTRIM(出版社)         &&text12输出当前记录的"出版社"
   thisform.text13.Value=ALLTRIM(DTOC(出版日期))
                                                 &&text13输出当前记录的"出版日期"
   thisform.text14.Value=册数                    &&text14输出当前记录的"册数"
   ELSE
   MESSAGEBOX("图书编号不存在, 请重新输入!")      &&返回消息
   Return  .f.                                   &&光标不能离开text9
   ENDIF
   thisform.Refresh
```

④ "借阅"按钮的 Click 事件代码如下。

```
   SELECT  book
   cardno=allt(thisform.text1.value)
   num=val(thisform.text15.value)
   LOCATE FOR 图书编号=allt(thisform.text9.value)
   &&查找book中"图书编号"字段值与输入值相同的记录
   IF (num>册数)                                 &&如果输入量大于册数
   MESSAGEBOX("数量不足")                        &&返回消息
   ELSE
   REPLACE 册数 WITH 册数-num                    &&当前记录的"册数"字段值用"册数-num"替换
   SELECT  borrow                                &&选择表文件borrow
```

```
APPEND  BLANK                          &&添加一条空白记录
REPLACE 读者卡号 WITH cardno            &&用cardno值取代"读者卡号"字段值
REPLACE 图书编号  WITH ALLTRIM(thisform.text9.value)
                                       &&用text9输入值取代"图书编号"字段值
REPLACE 借阅日期 WITH DATE()            &&用当前日期值取代"借阅日期"字段值
REPLACE 借阅天数 WITH 30                &&用30取代"借阅天数"字段值
REPLACE 归还状态  WITH .f.              &&用.f.取代"归还状态"字段值
REPLACE 数量  WITH num                  &&用num的值取代"数量"字段值
SELECT borrow.图书编号,书名,借阅日期,借阅日期+借阅天数  as 应还日期,数量 FROM
borrow,book WHERE 读者卡号=cardno AND 归还状态=.f. AND borrow.图书编号=book.
图书编号 INTO table temp
&&从borrow和book中查询读者未还书明细，将查询结果保存到新表temp中
thisform.grid1.RecordSourceType = 0    &&表格grid1的数据源类型为0
thisform.grid1.RecordSource="temp"     &&表格grid1的数据源为新表temp
with thisform.grid                     &&为表格grid1设置属性
.columncount=5                         &&列数为5
.column1.width=70                      &&第1列的宽度为70像素
.column2.width=200                     &&第2列的宽度为200像素
.column3.width=70                      &&第3列的宽度为70像素
.column4.width=70                      &&第4列的宽度为70像素
.column5.width=70                      &&第5列的宽度为70像素
ENDWITH
ENDIF
thisform.Refresh
```

⑤ "取消"按钮的 Click 事件代码如下。

```
thisform.SetAll("value","","textbox")   &&所有文本框清空
thisform.grid1.RecordSourceType =0      &&表格grid1的数据源类型为0
thisform.grid1.RecordSource =""         &&表格grid1的数据源为空
thisform.Refresh
```

2. 【图书归还】表单（源文件：tsgh.scx）

设计"图书归还"表单，实现图书的归还功能，如图 8-37 所示。
其数据环境中包含 4 张表，分别是 book、reader、borrow、temp。
其主要事件代码如下。
① Form 的 Init 事件代码如下。

```
with thisform.grid1                     &&设置表格grid1的多个属性
.columncount=5                          &&列数为5
.column1.header1.caption="图书编号"      &&第1列的标头显示"图书编号"
```

```
    .column2.header1.caption="书名"           &&第2列的标头显示"书名"
    .column3.header1.caption="借阅日期"        &&第3列的标头显示"借阅日期"
    .column4.header1.caption="应还日期"        &&第4列的标头显示"应还日期"
    .column5.header1.caption="数量"            &&第5列的标头显示"数量"
    .column1.width=70                          &&以下5个语句分别用于设置第1列～第5列的宽度
    .column2.width=200
    .column3.width=70
    .column4.width=70
    .column5.width=70
    .RecordSourceType = 1                      &&表格grid1的数据源类型为1
    .RecordSource=""                           &&表格grid1的数据源为空
    .allowaddnew=.f.                           &&不允许在表单中直接对表格grid1添加新记录
    .readonly=.t.                              &&不允许修改表格grid1中的数据
    .deletemark=.f.                            &&不允许删除表格grid1中的记录
ENDWITH
SET  SAFETY  OFF
```

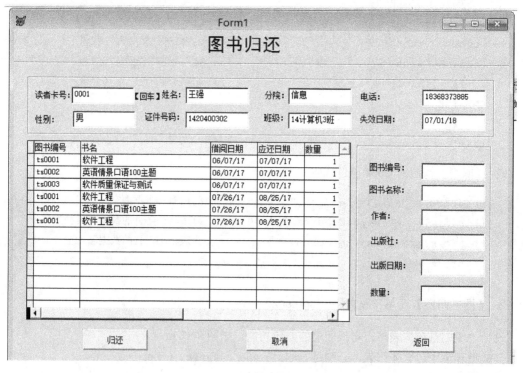

图 8-37   图书归还运行界面

② text1 的 Valid 事件用于判断该读者卡号是否存在,若存在,则列出借阅明细,否则重新输入读者卡号,其代码如下。

```
SELECT  reader
cardno=ALLTRIM(thisform.text1.value)
LOCATE  FOR  ALLTRIM(读者卡号)==cardno
                      &&查找reader中"读者卡号"字段值与输入值相同的记录
IF FOUND()                    &&如果找到
thisform.text2.Value=ALLTRIM(reader.姓名)
                      &&text2输出reader中的"姓名"字段值
    IF 性别                   &&如果"性别"字段值为.t.
    thisform.text5.Value="男"    &&text5输出文本"男"
    ELSE
    thisform.text5.Value="女"    &&text5输出文本"女"
    ENDIF
    thisform.text3.Value=ALLTRIM(reader.分院)
                              &&text3输出"reader"中的"分院"字段值
    thisform.text4.Value=ALLTRIM(reader.电话)
                              &&text4输出"reader"中的"电话"字段值
    thisform.text6.Value=ALLTRIM(reader.证件号码)
                              &&text6输出"reader"中的"证件号码"字段值
    thisform.text7.Value=ALLTRIM(reader.班级)
                              &&text7输出"reader"中的"班级"字段值
    thisform.text8.Value=ALLTRIM(dtoc(失效日期))
                              &&text8输出"reader"中的"失效日期"字段值
SELECT borrow.图书编号,书名,借阅日期,借阅日期+借阅天数  as 应还日期,数量 FROM
borrow,book WHERE 读者卡号=cardno AND 归还状态=.f. AND borrow.图书编号=book.图书编号
INTO table temp
        &&从表borrow和book中查询读者未还书明细,将查询结果保存到新表temp中
    thisform.grid1.RecordSourceType = 1        &&表格grid1的数据源类型为1
    thisform.grid1.RecordSource="temp"         &&表格grid1的数据源为temp
    with thisform.grid1                        &&设置表格grid1的多个属性
        .columncount=5
        .column1.width=70
        .column2.width=200
        .column3.width=70
        .column4.width=70
        .column5.width=70
    ENDWITH
    ELSE
    MESSAGEBOX("读者卡号不存在,请重新输入!")
    ENDIF
    thisform.Refresh
```

③ 表格（grid1）的 AfterRowCoChange 事件，当单击表格中的任意一列时，显示图书编号对应图书的详细信息，其代码如下。

```
SELEC temp                              &&选择表文件temp
thisform.text9.Value=图书编号           &&text9输出temp表的"图书编号"
thisform.text10.Value=书名              &&text10输出temp表的"书名"
SELECT book                             &&选择表文件book
LOCATE FOR ALLTRIM(图书编号)=ALLTRIM(thisform.text9.value)
&&查找book中"图书编号"与text9内容相同的记录
thisform.text11.Value=作者              &&text11输出当前记录的"作者"
thisform.text12.Value=出版社            &&text12输出当前记录的"出版社"
thisform.text13.Value=出版日期          &&text13输出当前记录的"出版日期"
SELECT borrow                           &&选择表文件borrow
LOCATE FOR ALLTRIM(图书编号)=ALLTRIM(thisform.text9.value)
&&查找borrow中"图书编号"与text9内容相同的记录
thisform.text14.Value=数量              &&text14输出borrow表中当前记录的"数量"
thisform.Refresh
```

④ "归还"按钮的 Click 事件代码如下。

```
If thisform.text1.Value==""             &&如果text1为空值
MESSAGEBOX("请输入读者卡号",64,"提示")  &&返回消息
ELSE
cardno=ALLTRIM(thisform.text1.value)    &&text1输入值赋给变量cardno
SELECT borrow                           &&选择表文件borrow
LOCATE FOR ALLTRIM(图书编号)=ALLTRIM(thisform.text9.Value) AND ALLTRIM(读
书卡号)==ALLTRIM(thisform.text1.value) AND 归还状态=.f .
&&查找borrow表中的"图书编号"与text9输入值相同并且"读书卡号"与text1输入值相同的未还
书的记录
IF FOUND()                              &&如果找到了
num=数量                                &&"数量"字段值赋给变量num
REPLACE 归还日期 WITH DATE()            &&当前日期替换当前记录的"归还日期"
IF (DATE()-借阅日期>借阅天数)           &&如果当前记录超出了可借阅天数
MESSAGEBOX("超期")                      &&返回消息"超期"
ENDIF
REPLACE 归还状态 WITH .t.               &&逻辑值.t.替换当前记录的"归还状态"
SELECT book                             &&选择表文件book
REPLACE 册数 WITH 册数+num              &&当前记录"册数"字段值+num
SELECT borrow.图书编号,书名,借阅日期,借阅日期+借阅天数 as 应还日期,数量; FROM
borrow,book WHERE 读者卡号=cardno AND 归还状态=.f. AND borrow.图书;编号=book.图书编号
INTO table temp
&&查询borrow、book表中未归还图书的记录明细并将结果存入temp
thisform.grid1.RecordSourceType = 1     &&表格grid1的数据来源类型为1
thisform.grid1.RecordSource="temp"      &&表格grid1的数据来源为temp
WITH thisform.grid1                     &&设置表格grid1的多个属性
    .columncount=5
    .column1.width=70
```

```
    .column2.width=150
    .column3.width=70
    .column4.width=70
    .column5.width=70
ENDWITH
thisform.grid1.column1.setfocus          &&光标定位在表格grid1的第1列
ELSE
    MESSAGEBOX("图书不存在")
ENDIF
ENDIF
thisform.Refresh
```

⑤ "取消"按钮的 Click 事件代码如下。

```
thisform.SetAll("value","","textbox")    &&表单中的所有文本框清空
thisform.grid1.RecordSource =""          &&表格grid1数据来源为空
thisform.Refresh
```

3. "读者借阅情况统计"表单（源文件：dzjyqktj.scx）

设计"读者借阅情况统计"表单，其数据环境中包含 3 张表，即 book、reader、borrow。表单初始运行时，显示所有读者借阅明细，包括读者卡号、姓名、借阅数量，如图 8-38 所示；单击"统计"按钮，显示根据读者卡号对读者的借阅情况进行分类统计的结果，包括读者卡号、姓名、图书编号、书名、借阅数量，如图 8-39 所示。

图 8-38　读者借阅情况统计初始界面

图 8-39　单击"统计"按钮的运行界面

其主要事件代码如下。

① Form 的 Init 事件代码如下。

```
SELECT borrow.读者卡号,姓名,book.图书编号,book.书名,数量 as 借阅数量;
FROM borrow,reader,book  WHERE reader.读者卡号=borrow.读者卡号 AND book.图书
编号=borrow.图书编号  INTO  cursor  dzjy
    &&查询borrow、reader、book中读者借阅及相关图书明细并将结果存入dzjy
WITH  thisform.grid1          &&设置表格grid1的多个属性
  .RecordSourceType = 1       &&数据来源类型为1
  .RecordSource ="dzjy"        &&数据来源为dzjy
  .column1.width=70            &&以下各语句用于设置表格grid1每一列的宽度
  .column2.width=50
  .column3.width=70
  .column4.width=200
  .column5.width=50
ENDWITH
SET SAFETY OFF
```

② "统计"按钮的 Click 事件代码如下。

```
SELECT borrow.读者卡号,姓名,数量 as 借阅数量 FROM  borrow,reader;
WHERE reader.读者卡号=borrow.读者卡号  INTO  cursor  chaxun
    &&查询表borrow、reader中所有读者借阅明细并将结果存入chaxun
SELECT  chaxun                &&选择表chaxun
INDEX  on 读者卡号 TO tsbh      &&以"读者卡号"为索引建立索引文件"tsbh"
```

```
TOTAL ON 读者卡号 TO dzjyqktj FIELDS 借阅数量
   &&以"读者卡号"为分类字段对"借阅数量"进行汇总并将结果存入"dzjyqktj"
thisform.grid1.RecordSourceType = 0      &&设置表格grid1的数据源类型为0
thisform.grid1.RecordSource ="dzjyqktj"  &&设置表格grid1的数据源为dzjyqktj
thisform.command1.Enabled =.f.           &&"统计"按钮不可用
thisform.Refresh
```

③ "返回"按钮的 Click 事件代码如下。

```
IF  USED("dzjyqktj")                     &&如果表dzjyqktj未关闭
SELECT dzjyqktj                          &&选择表文件dzjyqktj
USE                                      &&关闭表
ENDIF
thisform.Release                         &&释放表单
```

模仿"读者借阅情况统计"表单完成下面两个统计表单的设计。

1）模仿案例 1

"图书借阅情况统计"表单：数据环境中包含 3 张表，即 book、reader、borrow；表单初始运行时，显示所有图书借阅明细，包括图书编号、书名、读者卡号、姓名、借阅数量、库存数量，如图 8-40 所示；单击"统计"按钮，显示根据图书编号对图书的借阅情况进行分类统计的结果，包括图书编号、书名、借阅数量、库存数量，如图 8-41 所示。

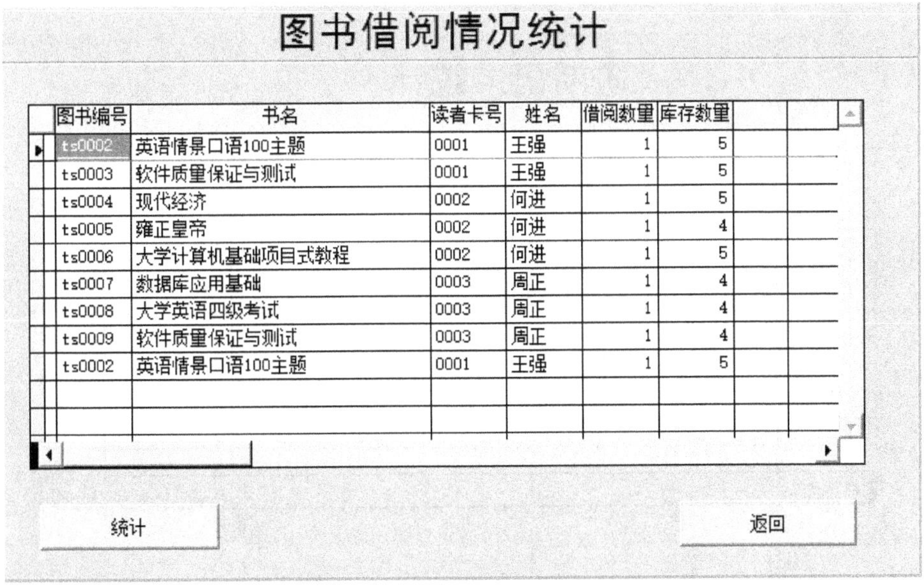

图 8-40　图书借阅情况统计初始运行界面

2）模仿案例 2

【逾期记录统计】表单：对于逾期归还图书按用户进行分类统计，数据环境中包含表 book、reader、borrow；表单初始运行时，显示所有逾期归还借阅明细，包括读者卡号、姓名、图书编号、书名、逾期数量，如图 8-42 所示；单击"统计"按钮，显示根据读者卡号对逾期归还记录进行分类统计的结果，包括读者卡号、姓名、逾期数量，如图 8-43 所示。逾期条件：归还日期-借阅日期>借阅天数。

图书借阅情况统计

图书编号	书名	借阅数量	库存数量			
ts0002	英语情景口语100主题	2	5			
ts0003	软件质量保证与测试	1	5			
ts0004	现代经济	1	5			
ts0005	雍正皇帝	1	4			
ts0006	大学计算机基础项目式教程	1	5			
ts0007	数据库应用基础	1	4			
ts0008	大学英语四级考试	1	4			
ts0009	软件质量保证与测试	1	4			

统计　　　　　　返回

图 8-41　单击"统计"按钮的运行界面

逾期记录统计

读者卡号	姓名	图书编号	书名	逾期数量	
0001	王强	ts0002	英语情景口语100主题	1	
0002	何进	ts0005	雍正皇帝	1	
0002	何进	ts0006	大学计算机基础项目式教程	1	
0003	周正	ts0007	数据库应用基础	1	
0003	周正	ts0008	大学英语四级考试	1	

统计　　　　　　返回

图 8-42　逾期记录统计初始运行界面

图 8-43　单击"统计"按钮的运行界面

4. "借阅情况查询"表单（源文件：jyqktj.scx）

管理员可以根据"图书编号"或者"读者卡号"来查询图书借阅明细，如图 8-44 和图 8-45 所示。

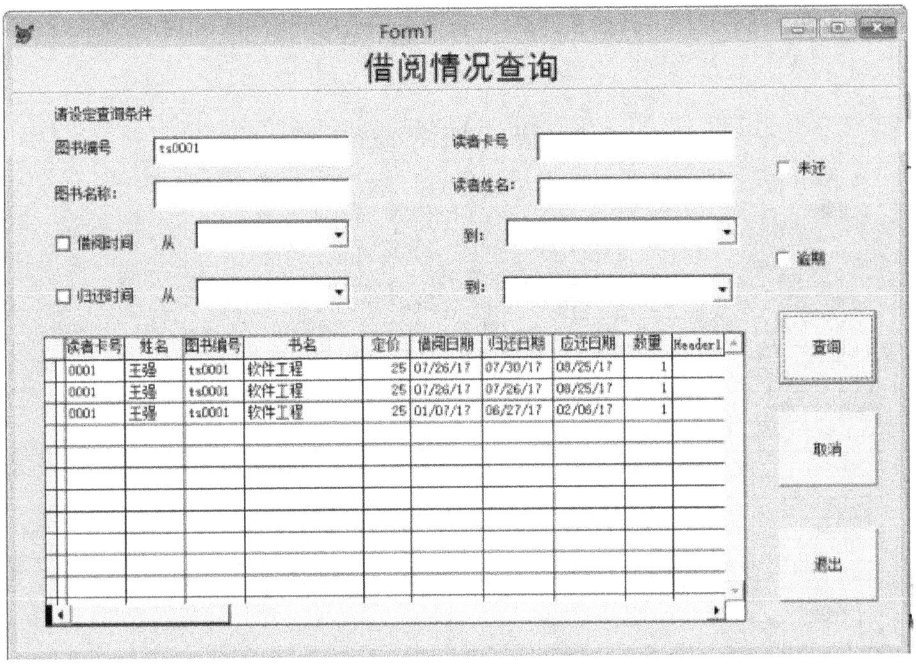

图 8-44　按"图书编号"查询借阅情况

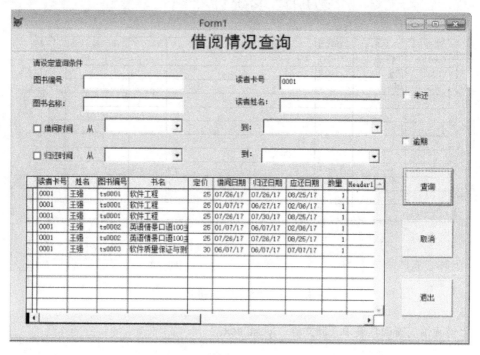

图 8-45 "读者卡号"查询"借阅情况"

其数据环境中包含 3 张表，即 book、reader、borrow。

本案例需要设置图书借阅的开始和结束时间、图书归还的开始和结束时间，如图 8-46 和图 8-47 所示。

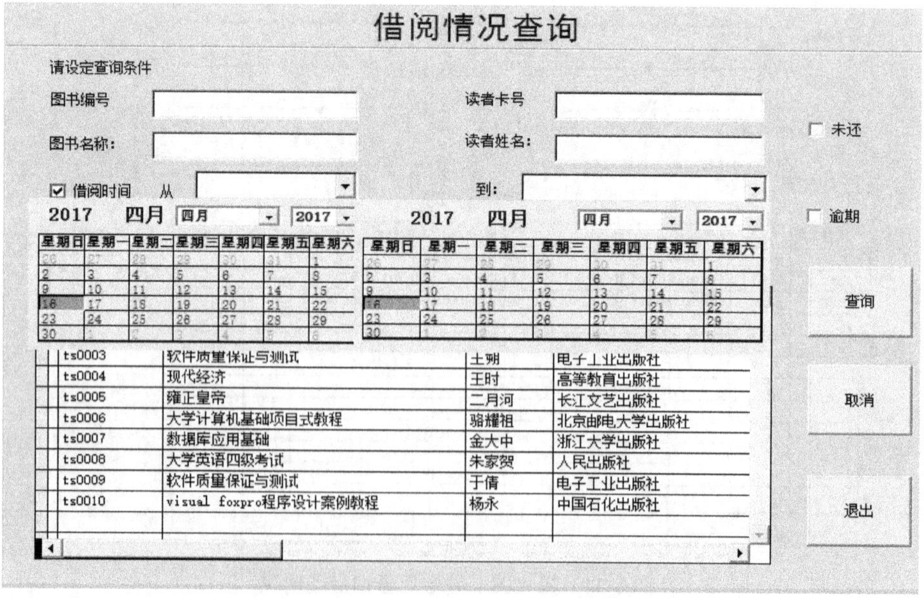

图 8-46 图书借阅的开始和结束时间界面

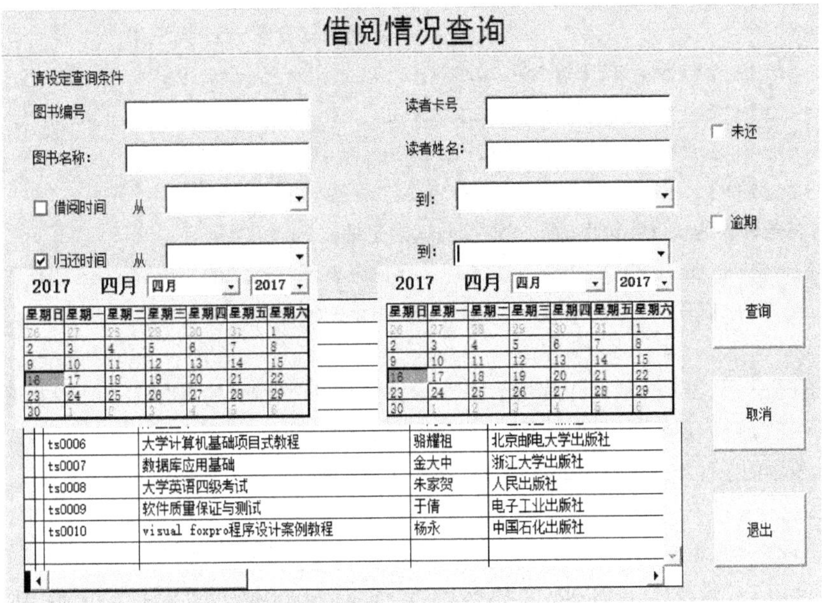

图 8-47　图书归还的开始和结束时间界面

此表单需要创建 4 个日历控件，即 OleControl1、OleControl2、OleControl3、OleControl4。其主要事件代码如下。

① Form 的 Init 事件代码如下。

```
&&下面4个语句用于设置4个日历控件不可见
thisform.olecontrol1.Visible =.f.
thisform.olecontrol2.Visible =.f.
thisform.olecontrol3.Visible =.f.
thisform.olecontrol4.Visible =.f.
```

② Combo1 的 DropDown 事件代码如下。

```
thisform.olecontrol1.Visible =.t. &&显示OleControl1
```

③ Combo2 的 DropDown 事件代码如下。

```
thisform.olecontrol2.Visible =.t. &&显示OleControl2
```

④ Combo3 的 DropDown 事件代码如下。

```
thisform.olecontrol3.Visible =.t. &&显示OleControl3
```

⑤ Combo4 的 DropDown 事件代码如下。

```
thisform.olecontrol4.Visible =.t. &&显示OleControl4
```

⑥ "查询"按钮的 Click 事件代码如下。

```
str1=""                              &&初始化变量str1为空串
str1=str1+"borrow.图书编号=ALLTRIM(thisform.text1.Value) and ";
str1=str1+"borrow.读者卡号=ALLTRIM(thisform.text2.Value) and ";
str1=str1+"book.书名=ALLTRIM(thisform.text3.value) and ";
str1=str1+"reader.姓名=ALLTRIM(thisform.text4.value) and "
    &&将条件表达式以字符串的形式连接并赋给变量str1
IF thisform.check3.Value =1          &&如果表示"未还"的复选框check3被选中了
str1=str1+"归还状态=.f. and "         &&表示的条件加上"归还状态=.f. "
ENDIF
IF thisform.check4.Value =1          &&如果表示"逾期"的复选框check4被选中了
str1=str1+"归还日期-借阅日期>借阅天数 and "
    &&表示的条件加上"归还日期-借阅日期>借阅天数"
ENDIF
IF thisform.check1.Value=1           &&如果表示"借阅时间"的复选框check1被选中了
str1=str1+"借阅日期>CTOD(thisform.combo1.DisplayValue) AND 借阅日期;
<CTOD(thisform.combo2.DisplayValue) and "
    &&表示的条件加上"借阅日期>CTOD(thisform.combo1.DisplayValue) AND 借阅日期
    &&<CTOD(thisform.combo2.DisplayValue)"
ENDIF
IF thisform.check2.Value =1          &&如果表示"归还时间"的复选框check1被选中了
str1=str1+"归还日期>CTOD(thisform.combo1.DisplayValue) AND 归还日期;
<CTOD(thisform.combo2.DisplayValue)"
    &&表示的条件加上"归还日期>CTOD(thisform.combo1.DisplayValue) AND 归还日期
    &&<CTOD(thisform.combo2.DisplayValue)"
ENDIF
    SELECT borrow.读者卡号,姓名,book.图书编号,书名,定价,借阅日期,归还日期,借阅;日
期+借阅天数 as 应还日期,数量 from book,borrow,reader WHERE;
    reader.读者卡号=borrow.读者卡号 AND book.图书编号=borrow.图书编号AND &str1;
into cursor selecttemp
    &&查询表book、borrow、reader,将满足查询条件的记录按照相应字段内容显示出来并将结果保
存到临时表selecttemp中
WITH thisform.grid1                  &&设置表格grid1的多个属性
.RecordSourceType = 1                &&设置表格grid1的数据源类型为1
.RecordSource ="selecttemp"          &&设置表格grid1的数据源为临时表selecttemp
.columncount=10                      &&设置表格grid1的列数为10
.column1.width=50                    &&以下各语句用于设置表格grid1的每列的宽度
.column2.width=50
.column3.width=50
.column4.width=100
.column5.width=40
```

```
    .column6.width=60
    .column7.width=60
    .column8.width=60
    .column9.width=40
    &&以下各语句用于设置表格grid1的每列标头的标题
    .column1.header1.caption="读者卡号"
    .column2.header1.caption="姓名"
    .column3.header1.caption="图书编号"
    .column4.header1.caption="书名"
    .column5.header1.caption="类别"
    .column5.header1.caption="定价"
    .column6.header1.caption="借阅日期"
    .column7.header1.caption="归还日期"
    .column8.header1.caption="应还日期"
    .column9.header1.caption="数量"
ENDWITH
thisform.Refresh
```

⑦ "取消"按钮的 Click 事件代码如下。

```
    thisform.SetAll("value","","textbox")          &&设置所有文本框当前值为空
    thisform.SetAll("displayvalue","","combobox")  &&设置所有组合框当前值为空
    thisform.SetAll("value",0,"checkbox")          &&设置所有复选框当前是未选中状态
```

8.3　本章小结

　　本章通过完成图书管理系统的表单设计与实施，既巩固了第 7 章中学习的控件及对应的属性、方法、事件，又进行了更深入的讨论和分析，使用户对知识点的掌握更加熟练，真正提高学生创造性地运用知识分析和解决问题的实际能力，以提升个人的综合素质。

思考与练习

　　模仿图书管理系统，设计选课管理系统，结合选课管理业务流程，实现课程管理（包括课程信息录入和课程信息修改），学生管理（包括学生信息录入和学生信息修改），选课管理（包括选课信息录入和选课信息修改），成绩管理（包括成绩信息录入和成绩信息修改）和成绩查询等功能。与功能相对应的表单列表如表 8-1 所示。

表 8-1 选课管理系统与功能相对应的表单列表

功能模块	子功能模块	表单列表
课程管理	课程信息录入	KCLR.SCX
	课程信息修改	KCXG.SCX
学生管理	学生信息录入	XSLR.SCX
	学生信息修改	XSXG.SCX
选课管理	选课信息录入	XKLR.SCX
	选课信息修改	XKXG.SCX
成绩管理	成绩信息录入	CJLR.SCX
	成绩信息修改	CJXG.SCX
成绩查询	按课程号查询成绩	KCH.SCX
	按学号查询成绩	XH.SCX

第 9 章

报表设计

 本章主要内容

　　本章主要讲解如何将一个或多个表中查询所得的数据生成报表,即正确使用 VFP 提供的报表设计器,掌握报表设计器的基本操作,并能根据实际需要进行相应报表设计。

　　通过本章的学习,可以实现图书管理系统的读者借阅情况统计等相关报表功能。

 本章难点提示

　　本章的难点如下:掌握报表设计的基本操作,正确理解报表设计器的组成与数据环境;正确理解报表布局与报表带区,掌握常用的报表控件操作。

一个数据库应用系统，从数据管理的角度，就是收集数据、存储数据、处理数据和使用数据，如常常需要对数据库的数据进行梳理、统计和分析，并以各种表格的形式输出，这就是报表功能。按照要求输出各种报表，有助于相关工作人员对所管理的业务的情况进行了解和分析，甚至进行未来发展趋势的预测等。为此，VFP 提供了报表设计器，为用户的表格输出设计带来了极大的方便和灵活。

9.1　案例描述

在图书管理系统中建立几个报表，分别对读者借阅情况、图书分类情况、图书借阅情况进行统计，如图 9-1～图 9-3 所示。

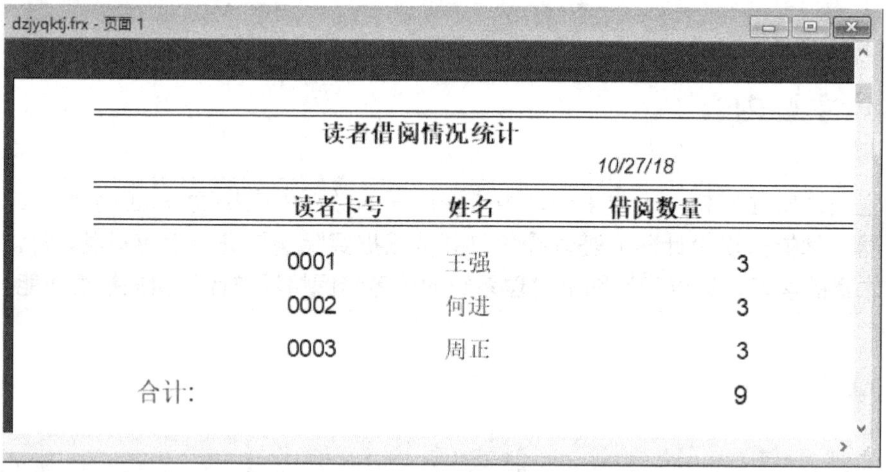

图 9-1　读者借阅情况统计报表

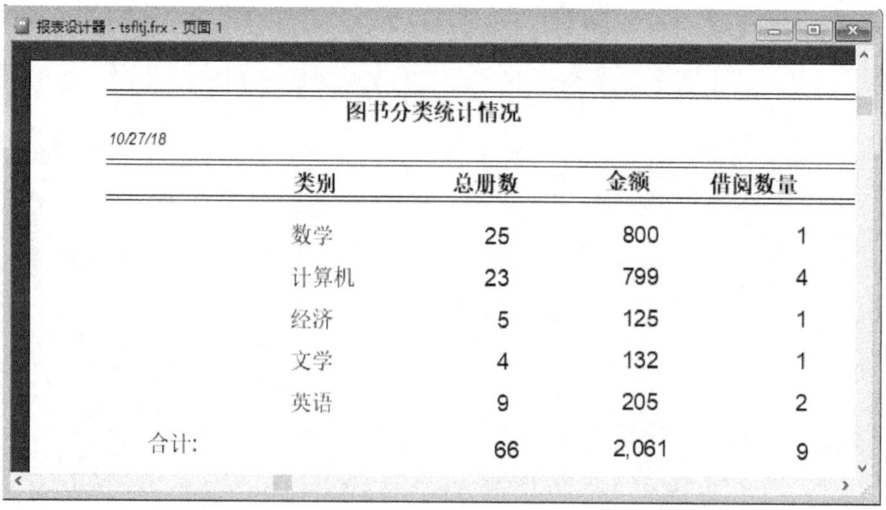

图 9-2　图书分类统计情况报表

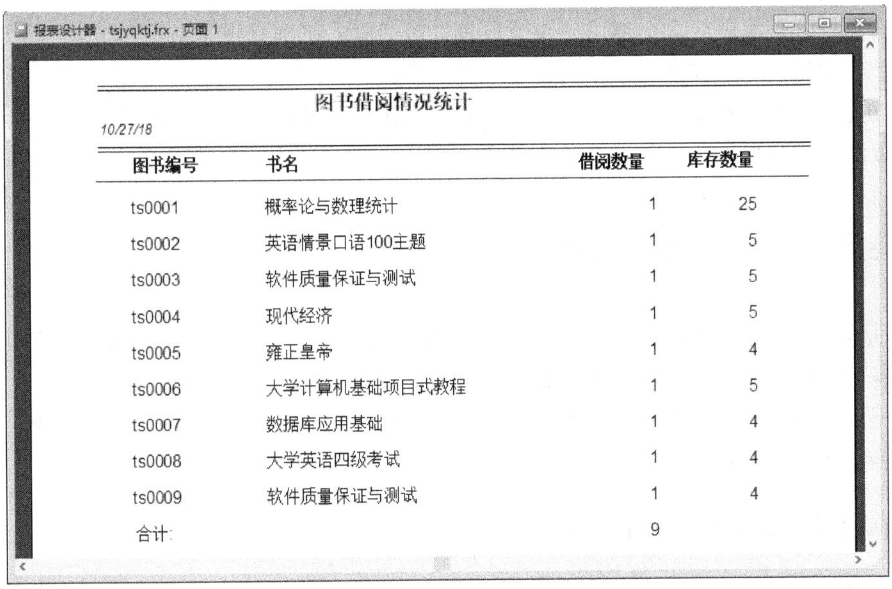
报表设计器 - tsjyqktj.frx - 页面 1

图书借阅情况统计

10/27/18

图书编号	书名	借阅数量	库存数量
ts0001	概率论与数理统计	1	25
ts0002	英语情景口语100主题	1	5
ts0003	软件质量保证与测试	1	5
ts0004	现代经济	1	5
ts0005	雍正皇帝	1	4
ts0006	大学计算机基础项目式教程	1	5
ts0007	数据库应用基础	1	4
ts0008	大学英语四级考试	1	4
ts0009	软件质量保证与测试	1	4
合计:		9	

图 9-3　图书借阅情况统计报表

9.2　知识链接

报表是用来直观地表达表格化数据的打印文本，尽管它的表现形式是多种多样的，但是从原理上来说，报表包括以下两部分。

数据源：指数据库表、视图、查询等数据，是形成报表信息来源的基础。

布局：指报表的打印格式。

使用报表向导或报表设计器生成的报表文件的扩展名为.frx，与其相关的同名备注文件的扩展名为.frt。

9.2.1　使用报表向导创建报表

使用报表向导可方便地创建报表，用户可以根据报表向导的指引一步一步地实现报表设计。

VFP 提供的报表向导如下：报表向导、分组/总计报表向导和一对多报表向导。

9.2.2　使用快速报表创建报表

利用报表设计器的“快速报表”功能可以结合向导与手工操作两种方法的优点，快速建立报表。其操作步骤如下。

（1）选择“文件”→“新建”选项，弹出“新建”对话框，选中“报表”单选按钮，单击“新建”按钮，启动报表设计器。

（2）选择“报表”→“快速报表”选项。

（3）当选择好数据表后，会弹出"快速报表"对话框，可选择报表是按列布局还是按行布局。单击"字段"按钮，可选择报表中所需要显示的字段。

（4）单击"确定"按钮返回报表设计器，报表设计器中就产生了相应的结果。

（5）单击"预览"按钮可查看设计结果。

9.2.3　使用报表设计器设计报表

利用报表向导和快速报表功能创建报表可以快速设计出一个报表，但生成的报表可能比较简单，无法满足用户的实际需要，因此，还可利用报表设计器对它进行修改、编辑。

VFP 提供的报表设计器具有很强的功能，利用它能够设计各种形式的表格，可以插入直线、矩形、图片等控件，也可以包含打印报表中所需要的标签、字段、变量和表达式等。

1．启动报表设计器和报表数据来源

1）启动报表设计器

选择"文件"→"新建"选项，弹出"新建"对话框，选中"报表"单选按钮，单击"新建启动的"按钮，可启动报表设计器。通常，刚启动的报表设计器中至少自动设置了页标头、细节和页注脚 3 个基本编辑区域，这种编辑区被称为带区。同时，"报表设计器"工具栏与"报表控件"工具栏也会一并显示。

如果启动报表设计器后并没有显示"报表设计器"工具栏与"报表控件"工具栏，或需要使用其他工具栏，则可选择"显示"→"工具栏"选项，在弹出的对话框中选择所需的工具即可。

2）报表数据来源

报表中所用控件的数据源可以在数据环境中定义，向数据环境中添加表或视图的方法如下。

（1）在报表设计器中右击，在弹出的快捷菜单中选择"数据环境"选项。

（2）启动数据环境设计器，在其中右击，在弹出的快捷菜单中选择"添加"选项，弹出"添加表或视图"对话框，在"数据库"下拉列表中选择数据库。

（3）在"选择"选项组中选中"表"或"视图"单选按钮。

（4）在"数据库中的表"列表框中选择一个表或视图，并单击"添加"按钮。

2．报表布局的类型和带区

1）报表布局的类型

创建报表前，应根据其格式和布局特点确定该报表套用的布局格式。报表的布局一般有以下几种。

（1）行报表：每列是一条记录，每条记录的字段在报表页面中按照垂直方向放置。

（2）列报表：每行是一条记录，每条记录的字段在报表页面中按照水平方向放置。

（3）一对多报表：用于一条记录或一对多关系。

（4）多栏报表：用于多列记录，且每条记录的字段沿报表页面的左边缘垂直放置。

（5）标签：用于多列记录，且每条记录的字段沿页面左边缘垂直放置，其需使用特定的纸打印。

2）报表布局的带区

对报表进行布局时，可使用报表设计器中的多个带区。

（1）直接调整每个带区的位置、尺寸等，使用报表带区可以决定报表的每页、分组、开始及结尾的样式。

（2）在带区中放置有关控件，并调整其位置和大小，从而控制文本、域和图形等在报表中的位置。

具体操作步骤如下。

（1）启动报表设计器，或打开已利用向导创建好的报表。

（2）调整标题、页标头、组标头等带区，以左标尺为标准，用鼠标将带区的分隔条上下拖曳为适当的高度。如果要精确设置带区高度，则可双击带区名称，弹出"带区"对话框，在其中改变"高度"文本框中的数值即可。

（3）调整页标头的字段控件的位置，在单击页标头带区的某个字段控件后，该对象周围出现选中标记，用鼠标可将它直接拖曳到新的位置。

报表中可设置标题、页标头、细节等 9 个带区，用于放置不同的数据。

3．设置报表控件

1）设置域控件

所谓域控件就是通过"表达式生成器"设置字段变量、内存变量或表达式输出的控件。

（1）利用数据环境设计器添加字段的方法：在报表的数据环境设计器中选中某个表，并利用鼠标的拖曳操作将该表中的一个字段拖曳到报表"细节"带区中。

（2）调整域控件的大小和位置：选中相应的域控件，用鼠标拖曳域控件四周的 8 个控点，可调整其大小；而使用光标移动键可精确调整其位置；通过"布局工具"或"格式"菜单中的对齐选项可以调整一组控件的排列对齐方式。其操作不仅适用于域控件，还适用于其他报表控件。

2）设置标签控件

报表中的标签控件用来显示各种文本信息，如设计页标头、报表标题等。设置标签控件的操作步骤如下。

（1）在报表控件工具栏中选中"标签"控件，在相应的带区中单击，并输入文字。注意：这里的标签具有不可编辑性，输入文字之后不能再修改，只能删除文字后重新输入。

（2）选中需要修改字体的标签，选择"格式"→"字体"选项，弹出"字体"对话框，选择所需的字体、字号等。初始报表中使用的默认字体、字号是宋体、小 5 号，整个报表靠左排列。

3）设置画线控件

为使报表格式中具有表格线，可利用报表设计器中的画线功能实现。

（1）在报表控件工具栏中选中"线条"控件，在相应带区所需位置拖曳鼠标即可画出线条，向右拖曳可画出一条横线，向下拖曳可画出一条竖线，但无法画出斜线，这是 VFP 的不足之处。

（2）如果要改变线条的粗细，则可先选中线条，通过"格式"→"绘图笔"菜单中所提供的线型做相应修改。

4）设置报表标题

设置报表标题的操作步骤如下。

（1）选择 "报表"→"标题"→"总结"选项，选中"标题带区"复选框。

（2）调整标题带区的大小。

（3）在报表控件工具栏中选中"标签"控件，在标题带区的适当位置单击，将一个标签控件放置在报表中。

（4）在标签控件中输入标题，并选择"格式"→"字体"选项进行设置。

5）设置报表中的图形

（1）在报表设计器中，在报表控件工具栏中选中"图片/ActiveX"控件，并添加到报表中。

（2）在"图片来源"区域，选择"图片"或"字段"。

（3）在"图片"或"字段"文本框中输入文件名或字段名，并单击"确定"按钮。

4．常用的报表控件操作

设置报表时，一般会用到许多控件，控件的位置、大小等都直接影响着报表的外观和质量。下面介绍几种常用的报表控件操作。

（1）移动一个控件。选中控件后直接将它拖曳到"报表"带区的新位置处。注意：控件在布局中移动的位置不一定是连续的，这与网格的设置有关；如果拖曳控件时按住 Ctrl 键，就可以实现位置的连续移动。

（2）同时选中多个控件。通过鼠标拖曳框选多个控件，这些控件将作为一组同时移动、复制或删除。

（3）将控件分组。选中要作为一组进行处理的控件，选择"格式"→"分组"选项。

（4）对一组控件取消组定义。选中该组控件，选择"格式"→"取消组"选项。

（5）调整控件的尺寸。选中控件，直接在相关的句柄上进行拖曳操作即可。

（6）匹配多个控件的大小。选中多个控件，选择"格式"→"大小"选项，进行相关设置即可。

（7）裁剪和粘贴控件。使用常用工具栏中的裁剪、粘贴及复制按钮，对单独的或一组控件进行移动、复制操作。

9.3　案例实施

下面介绍读者借阅情况统计报表的制作过程。

1．启动报表设计器

首先要启动报表设计器，有两种方式：一种是菜单方式，另一种是项目管理器。

1）通过菜单启动报表设计器

（1）打开 VFP 9.0，选择"文件"→"新建"选项，弹出"新建"对话框，选中"报表"单选按钮，单击"新建"按钮，如图 9-4 所示。

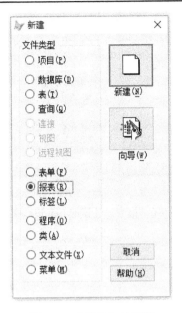

图 9-4　"新建"对话框

（2）启动报表生成器，可通过选择"显示"→"报表设计器工具栏"和"报表控件工具栏"选项，调用快速工具栏，如图 9-5 所示。

图 9-5　报表设计器和快速工具栏

（3）右击报表设计器，在弹出的快捷菜单中选择"运行报表"、"打印预览"、"数据环境"、"可选区段"、"数据分组"、"变量"、"属性"等选项进行相应功能的操作，如图 9-6 所示。

2）通过项目管理器启动报表设计器

（1）打开 VFP 9.0，选择"文件"→"打开"选项，弹出"打开"对话框，选择文件"图书管理系统.pix"，如图 9-7 所示。

（2）选择"文档"选项卡，选择"报表"选项，单击"新建"按钮，弹出"新建报表"对话框，单击"新建报表"按钮，启动报表设计器，如图 9-8 所示。

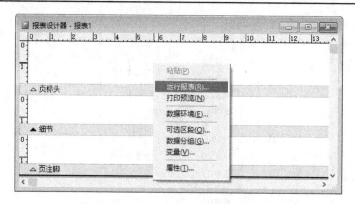

图 9-6　报表设计器的右键快捷菜单

图 9-7　"打开"对话框

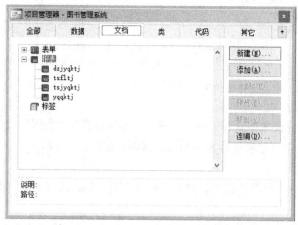
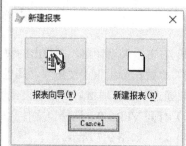

图 9-8　新建报表

2. 案例实施的步骤

启动报表设计器之后，接下来实现读者借阅情况统计报表的设计。

（1）生成数据源，"读者借阅情况统计"表单中"统计"按钮下有代码，生成了 dzjyqktj 的一张表，作为统计报表的数据源，需要加入到报表的数据环境中。

```
SELECT borrow.读者卡号,姓名,数量 as 借阅数量;
FROM borrow,reader;
WHERE reader.读者卡号=borrow.读者卡号;
INTO cursor chaxun
SELECT chaxun
INDEX on 读者卡号 TO tsbh
TOTAL ON 读者卡号 TO dzjyqktj FIELDS 借阅数量
```

（2）在报表设计器中右击，在弹出的快捷菜单中选择"数据环境"选项，添加数据源，如图 9-9 所示。

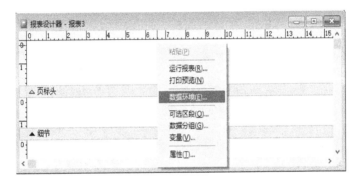

图 9-9　选择"数据环境"选项

（3）在数据环境设计器中右击，在弹出的快捷菜单中选择"添加"选项，如图 9-10 所示。

图 9-10　选择"添加"选项

（4）弹出"添加表或试图"对话框，如图 9-11 所示。

（5）单击"其他"按钮，弹出"打开"对话框，找到文件"dzjyqktj.DBF"并打开，如图 9-12 所示。

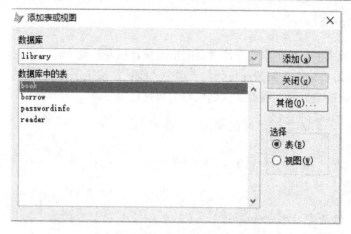

图 9-11　"添加表或视图"对话框

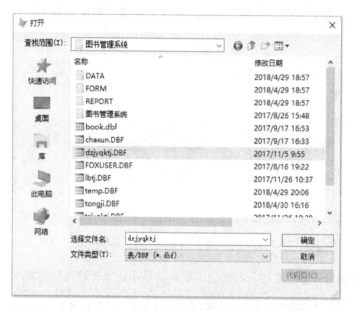

图 9-12　打开文件

（6）dzjyqktj 表出现在数据环境设计器中，如图 9-13 所示。如果需要加入多张表，则可重复以上过程。

图 9-13　加入的表

（7）在报表设计器工作区中右击，在弹出的快捷菜单中选择"可选区段"选项，如图 9-14 所示。

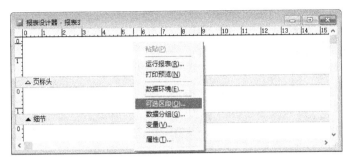

图 9-14 选择"可选区段"选项

（8）选中标题栏和总结栏，如图 9-15 所示。

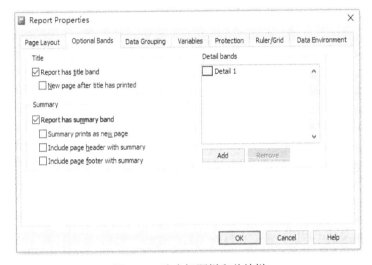

图 9-15 选中标题栏和总结栏

（9）最终出现的报表设计器包含"标题"和"总结"带区，如图 9-16 所示。

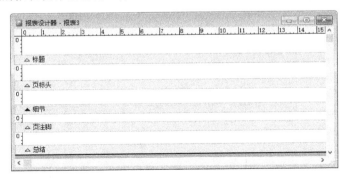

图 9-16 报表设计器

（10）添加数据环境设计器中表的字段到报表设计器的"页标头"和"细节"带区，如图 9-17 所示。

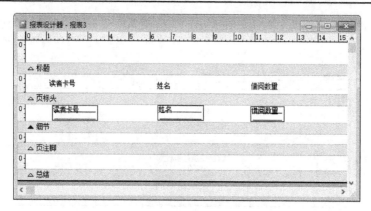

图 9-17　添加报表字段

（11）选择"显示"→"报表控件工具栏"选项，或者右击工具栏，在弹出的快捷菜单中选择"报表控件工具栏"选项，调用报表控件工具栏，如图 9-18 所示。

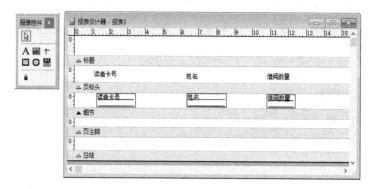

图 9-18　调用报表控件工具栏

（12）设置标题区的主标题。添加标签控件到"标题"带区，输入标题，如图 9-19 所示。

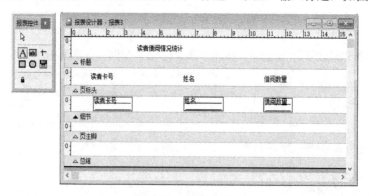

图 9-19　添加标题

（13）添加域控件到"标题"带区的相应位置，弹出设置域属性对话框，如图 9-20 所示。

（14）编辑表达式。在"表达式生成器"对话框中，在"函数"选项组的"日期"下拉列表中选择 DATE()函数，如图 9-21 所示。

图 9-20　设置域属性

图 9-21　选择函数

（15）完成日期设置如图 9-22 所示。可在报表设计器中右击，在弹出的快捷菜单中选择"打印预览"选项，查看报表的设计效果。

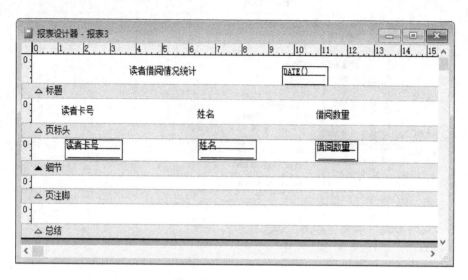

图 9-22　完成日期设置

（16）添加域控件到"页注脚"带区，设置表达式为""页"+TRANSFORM(_pageno)"，如图 9-23 所示。

图 9-23　设置表达式 1

（17）添加域控件到"总结"带区，设置表达式为"[总计：]"，如图 9-24 所示。

图 9-24　设置表达式 2

（18）添加域控件到"总结"带区，设置表达式为"借阅数量"，选择计算类型为"Sum"，如图 9-25 所示。

图 9-25　设置表达式并选择计算类型

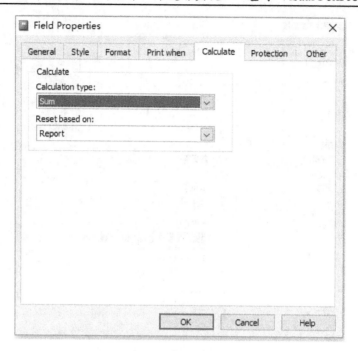

图 9-25　设置表达式并选择计算类型（续）

（19）完成报表设计，如图 9-26 所示，保存报表。

（20）预览报表。查看报表设计效果，如果不符合要求，可返回设计界面进行修改，如图 9-27 所示。

（21）在表单"读者借阅情况统计"的"打印"按钮的 Click 事件中使用代码调用报表文件，如图 9-28 所示。

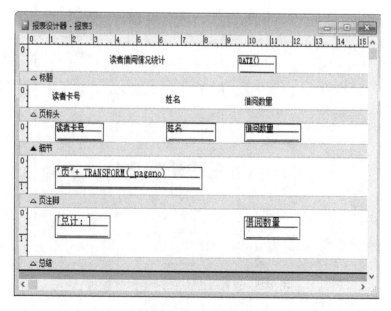

图 9-26　完成报表设计

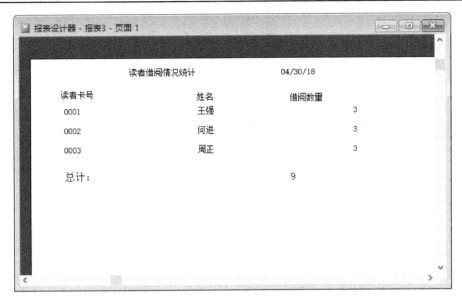

图 9-27　预览报表

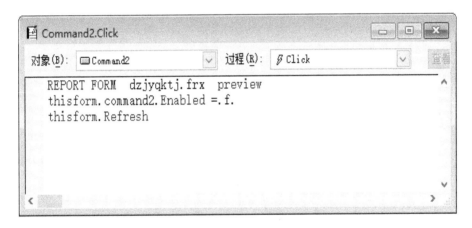

图 9-28　调用报表

其他报表可按照前面的方法进行设计。

9.4　本章小结

本章主要介绍了报表的设计方法，用户可以根据问题的需要采用报表向导、快速报表和报表设计器等来生成或设计报表。利用报表设计器设计报表是本章的重点。报表布局和报表数据源是设计报表时应考虑的问题。报表设计器中有多种区域，每种区域中可以放置不同的数据并进行相应设置，在设计报表时怎样使用控件也是重点。

思考与练习

1. 报表的数据源是怎么生成的，有哪些类型的数据源？
2. 报表控件有哪些？它们有哪些功能？怎样使用它们？
3. 使用报表设计器时需要注意什么？如何灵活设计报表？
4. 根据本章介绍的方法，设计图书分类情况统计报表和图书借阅情况统计报表。

第 10 章

菜单设计

 本章主要内容

　　本章以图书管理系统的菜单为例，介绍下拉菜单和快捷菜单的设计和实施过程。
　　通过本章的学习，可以为图书管理系统创建菜单，调用前面章节所建立的表单，组织应用程序的主要功能。

 本章难点提示

　　本章的难点是菜单的规划与设计。

菜单为用户使用应用系统提供了一个结构化访问的快捷途径。本章结合图书管理系统，讲解如何为应用系统创建菜单，包括下拉菜单和快捷菜单。

10.1 图书管理系统菜单定制

10.1.1 案例描述

图书管理系统的主菜单设计要求如图 10-1 所示，下拉菜单设计要求如图 10-2～图 10-6 所示，快捷菜单设计要求如图 10-7 所示，在"有效证件号码"右侧的文本框中右击，弹出快捷菜单，菜单项包含"剪切""复制""粘贴"选项。

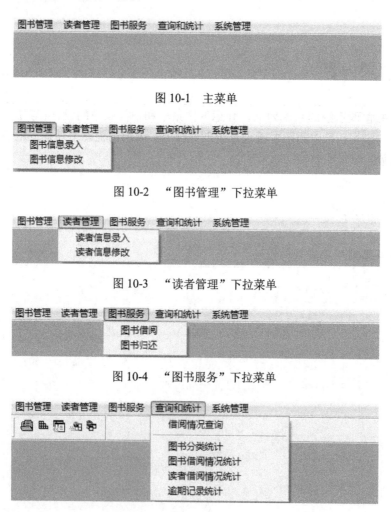

图 10-1　主菜单

图 10-2　"图书管理"下拉菜单

图 10-3　"读者管理"下拉菜单

图 10-4　"图书服务"下拉菜单

图 10-5　"查询和统计"下拉菜单

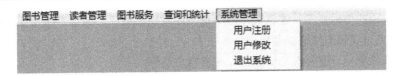

图 10-6　"系统管理"下拉菜单

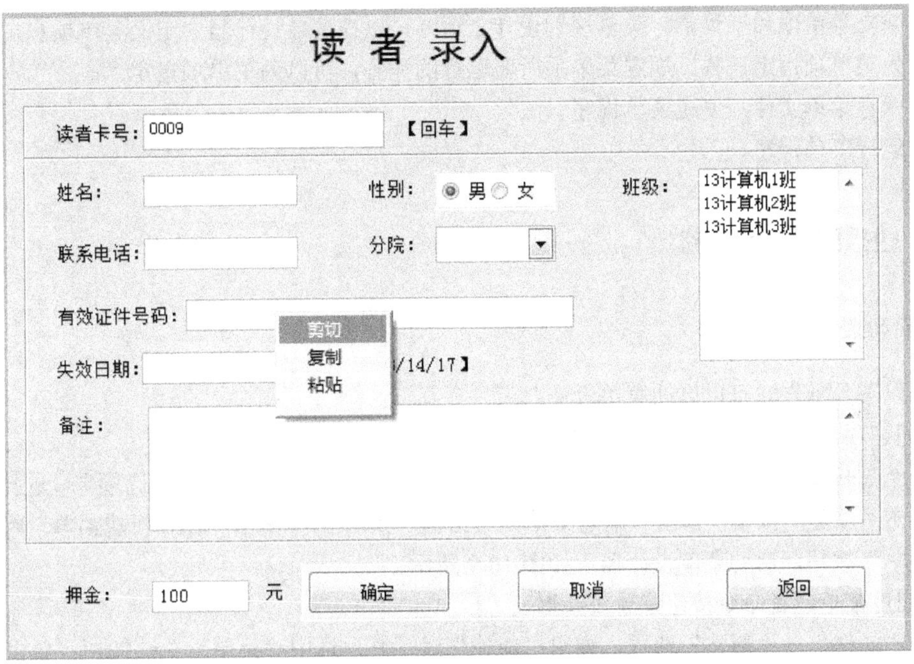

图 10-7　快捷菜单

10.1.2　知识链接

1．菜单类型

VFP 支持两种菜单类型：下拉菜单和快捷菜单。下拉菜单通常包含一个称为主菜单的工具条和一组被称为子菜单的弹出式菜单，通常用于组织应用程序的主要功能，为用户提供结构化的快捷访问，便于用户调用。快捷菜单通常从属于某个界面对象，当右击时会弹出。

2．菜单设计的基本步骤

（1）规划设计菜单。规划菜单时需要考虑以下问题。

① 根据应用程序功能，确定需要哪些菜单，是否需要子菜单。

② 根据用户执行任务组织菜单系统，而不要按照应用程序的层次组织菜单系统。

③ 给每个菜单项设置一个有意义的菜单标题，看到菜单标题，用户即能对其功能有一个大概的认识。

④ 按照菜单项的使用频率、逻辑顺序或字母顺序组织菜单项，如果不能预计频率，也无法确定逻辑顺序，则可以字母顺序组织菜单项。

⑤ 为菜单和菜单项设置热键和快捷键，便于用户操作。

⑥ 菜单项的逻辑组之间放置分隔线。

⑦ 菜单项的数目限制在一个屏幕之内，如果超出一屏，则应为其中一些菜单项建立子菜单。

（2）建立菜单项和子菜单。菜单规划设计之后，可以在菜单设计器中定义菜单项和主菜单。

（3）为菜单项指定任务。规定菜单项所要运行的任务，可以为菜单项指定"命令"。

（4）保存菜单文件，生成菜单程序。

（5）运行菜单程序。

10.1.3　主菜单案例实施

1．启动菜单设计器

使用以下几种方式可以启动菜单设计器。

1）通过项目管理器启动菜单设计器

打开"图书管理系统"项目文件，弹出项目管理器对话框，选择"其他"选项卡。选择"菜单"选项，单击"新建"按钮，弹出"新建菜单"对话框，如图 10-8 所示。在"新建菜单"对话框中，单击"菜单"按钮，启动菜单设计器，如图 10-9 所示。

2）通过菜单或者命令按钮菜单设计器

选择"文件"→"新建"选项，弹出"新建"对话框，选中"菜单"单选按钮，单击"新建"按钮，弹出"新建菜单"对话框，或者单击系统工具栏中的"新建"按钮，在弹出的"新建"对话框中，选中"菜单"单选按钮，单击"新建"按钮，弹出"新建菜单"对话框，在"新建菜单"对话框中，单击"菜单"按钮，启动菜单设计器。

3）通过命令方式启动菜单设计器

格式：

```
CREATE MENU [<菜单文件名.mnx>]
```

功能：创建菜单。

在命令窗口中输入命令"CREATE MENU 图书管理系统.mnx"，弹出"新建菜单"对话框，单击"菜单"按钮，启动菜单设计器。

2．创建主菜单

在菜单设计器的"提示"栏中输入"图书管理"，在"结果"下拉列表中选择"子菜单"选项。用同样的方法，在"提示"栏中依次输入"读者管理"、"图书服务"、"查询和统计"、"系统管理"，在"结果"下拉列表中选择"子菜单"选项，结果如图 10-10 所示。

图 10-8　"新建菜单"对话框

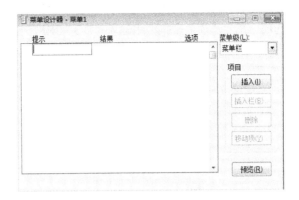

图 10-9　菜单设计器

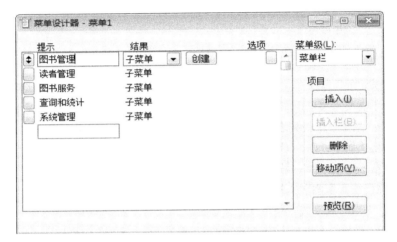

图 10-10　主菜单

图 10-10 的右下方是"项目"选项组。"项目"选项组中包含"插入""插入栏""删除""移动项"按钮。单击"插入"按钮,可以在当前菜单项前面插入一行。单击"插入栏"按钮,可以插入一个系统菜单项。单击"删除"按钮,可以删除当前选定菜单项。单击"移动项"按钮,可以将选定的菜单项移动到其他菜单栏中。

3. 创建子菜单,并为菜单项指定任务

1)创建子菜单

在图 10-10 中,选中"图书管理"行,单击"结果"右侧的"创建"按钮,进入一个空的菜单设计器界面,"菜单级"显示"图书管理",表明目前可以创建或修改"图书管理"子菜单。按照主菜单的创建方法,在"提示"栏中依次输入"图书信息录入""图书信息修改",如图 10-11 所示。

2)为菜单项指定任务

在图 10-11 中,选中"图书信息录入"行,在"结果"下拉列表中选择"命令"选项,在"选

项"文本框中输入"DO FORM TSLR"。选中"图书信息修改"行，在"结果"下拉列表中选择"命令"选项，在"选项"文本框中输入"DO FORM TSXG"。

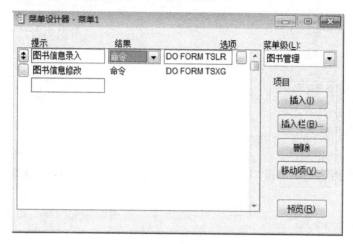

图 10-11   "图书管理"子菜单的创建

创建完"图书管理"子菜单后，在"菜单级"下拉列表中选择"菜单栏"选项，返回主菜单。如果菜单项不需要子菜单，则需要设置菜单项的任务。根据任务类型，进行的操作也不相同。
① 命令：在"结果"下拉列表中选择"命令"选项后，可以在"选项"中调用表单或者程序。
调用表单的格式如下：DO FORM <表单名>。
调用程序的格式如下：DO <程序名>。
② 填充名称：在其右侧文本框中输入菜单项内部名称或者序号。
③ 子菜单：为当前菜单或者菜单项创建子菜单。
④ 过程：在"结果"下拉列表中选择"过程"选项后，"选项"中会出现"新建"或者"编辑"按钮，单击按钮后，弹出"过程编辑"对话框，可以输入或者编辑过程代码。
"读者管理""图书服务""查询和统计""系统管理"子菜单按照上述方法依次建立，界面分别如图 10-12～图 10-15 所示。

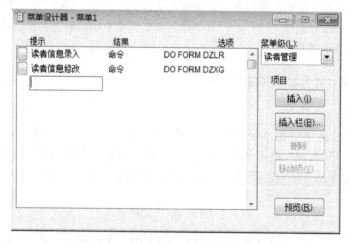

图 10-12   "读者管理"子菜单的创建

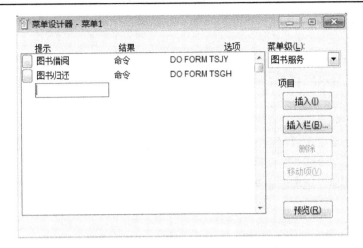

图 10-13　"图书服务"子菜单的创建

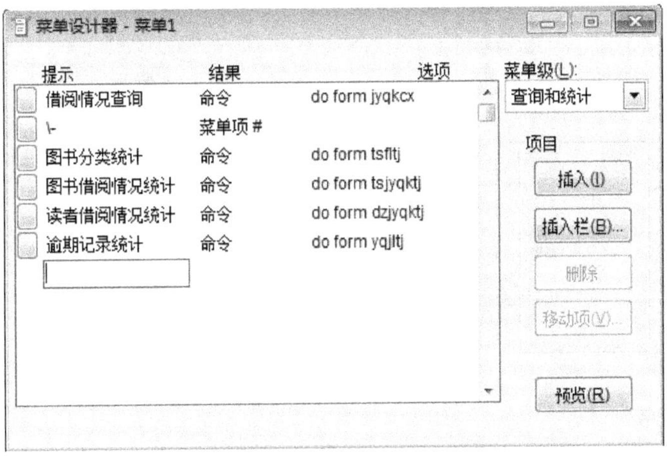

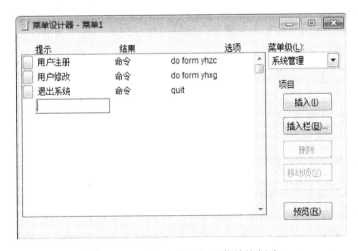

图 10-14　"查询和统计"子菜单的创建

图 10-15　"系统管理"子菜单的创建

4．保存与生成菜单

1）保存菜单文件

选择"文件"→"保存"选项，或单击常用工具栏中的"保存"按钮，保存菜单，生成 menu.mnx 菜单文件。

2）生成菜单程序

菜单文件保存后需要生成可运行的菜单程序才能被调用。生成菜单程序的操作如下：选择"菜单"→"生成"选项，弹出"生成菜单"对话框，单击"生成"按钮，生成菜单可执行文件。返回项目管理器，在"其他"选项卡中会显示"menu"，如图 10-16 所示。

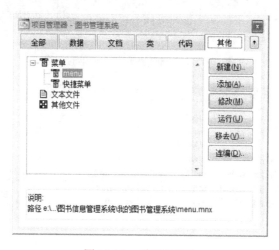

图 10-16　项目管理器

5．运行菜单程序

1）以交互方式运行菜单程序

在项目管理器中选择"其他"选项卡，选择"menu"选项，单击"运行"按钮，或者选择"程序"→"运行"选项，弹出"运行"对话框，选择要运行的菜单程序文件，单击"运行"按钮。

2）以命令方式运行菜单程序

在命令窗口中输入命令"DO menu.mpr"。

10.1.4　快捷菜单案例实施

1．启动快捷菜单设计器，创建快捷菜单

（1）打开"图书管理系统"项目，选择"其他"选项卡，选择"菜单"选项，单击"新建"按钮，弹出"新建菜单"对话框，单击"快捷菜单"按钮，启动快捷菜单设计器，如图 10-17 所示。

（2）在"提示"栏中依次输入"剪切""复制""粘贴"。在"结果"下拉列表中都选择"菜单项#"选项。在"选项"文本框中依次输入"_med_cut""_med_copy""_med_paste"等菜单项内部名称。

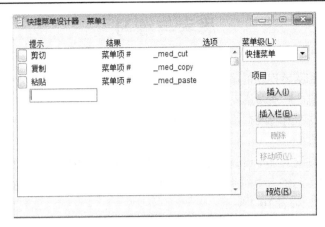

图 10-17 快捷菜单

（3）选择"菜单"→"保存"选项，保存菜单文件，其名称为"快捷菜单.mnx"。

（4）选择"菜单"→"生成"选项，生成菜单程序文件，其名称为"快捷菜单.mpr"。其中，编辑菜单常用选项及其内部名称如表 10-1 所示。

表 10-1 编辑菜单常用选项及其内部名称

选项名称	内部名称	选项名称	内部名称
撤销	_med_undo	粘贴	_med_paste
重做	_med_redo	清除	_med_clear
剪切	_med_cut	查找	_med_find
复制	_med_copy	替换	_med_repl

2. 将快捷菜单附加到对象上

创建好的快捷菜单需要附加到文本框上，操作步骤如下。

（1）打开"图书管理系统"项目，选择"文档"选项卡，选择"dzlr"表单，单击"修改"按钮，进入读者录入表单界面。

（2）右击"有效证件号码"右侧的文本框，在弹出的快捷菜单中选择"代码"选项，在代码窗口的"过程"下拉列表中选择"RightClick"选项。

（3）在命令窗口中输入快捷菜单调用命令"DO 快捷菜单.mpr"。

10.2 本章小结

本章以图书管理系统的菜单为例，介绍了下拉菜单和快捷菜单的设计和实施过程。在实际应用中，菜单设计对于系统开发来说非常重要，合理的菜单设计可以为用户提供友好的操作界面，便于用户使用及操作应用系统。

思考与练习

1. 简述菜单文件和菜单程序的区别与联系。

2. 设计菜单文件包含哪些步骤？

3. 为读者录入表单中的输入有效身份证信息的文本框设计一个快捷菜单，菜单项包括"复制""剪切""粘贴""撤销"。

4. 完成图书管理系统的菜单设计，主菜单及子菜单结构可参考图 10-10～图 10-15。

5. 根据第 8 章思考与练习中的"选课管理系统"的功能模块设计相应的系统菜单，文件名为 xkgl.mnx，其主菜单结构如表 10-2 所示。

表 10-2　主菜单结构

主菜单名	子菜单名	命 令
课程管理	课程信息录入	DO FORM KCLR.SCX
	课程信息修改	DO FORM KCXG.SCX
学生管理	学生信息录入	DO FORM XSLR.SCX
	学生信息修改	DO FORM XSXG.SCX
选课管理	选课信息录入	DO FORM XKLR.SCX
	选课信息修改	DO FORM XKXG.SCX
成绩管理	成绩信息录入	DO FORM CJLR.SCX
	成绩信息修改	DO FORM CJXG.SCX
成绩查询	按课程号查询成绩	DO FORM KCH.SCX
	按学号查询成绩	DO FORM XH.SCX
退出		QUIT

第 11 章

项目管理及连编

 本章主要内容

本章主要介绍 VFP 项目管理器的基本功能及使用方法。如利用项目管理器对菜单、表单、数据库、表、视图、报表等一系列的文件进行管理；如何利用项目管理器进行程序连编并发布等。

通过本章学习，可以实现图书管理系统项目连编，生成 App 程序或者 exe 程序。

 本章难点提示

本章的第一个难点是在掌握项目整体的概念，正确利用项目管理器管理相应文件，使之成为一个有机的整体；第二个难点是在掌握程序连编的概念，在正确使用项目管理器的基础上，进行程序连编产生可执行程序，并在此基础上发布应用程序。

一个完整的应用程序，需要建立菜单、表单、数据库、表、视图、报表等一系列的文件。是不是有某一种方法将这些文件有条不紊地管理起来，形成一个整体的应用程序呢？VFP 提供了项目管理器来处理这类问题。本章结合"图书管理系统"实例，介绍如何用项目管理器把图书管理系统前面设计的所有文件统一管理起来，形成一个有机的整体。

11.1　项目管理

11.1.1　案例描述

在前面章节的学习中，"图书管理系统"已经创建了项目管理器、数据表、数据库、视图、表单、菜单、报表等一系列相关的文件，对于没有添加到项目管理器的文件，如何进行有效的管理呢？该案例通过项目管理器为"图书管理系统"建立控制中心，有效地管理系统所涉及的所有文件、数据、文档及对象。

11.1.2　知识链接

项目是文件、数据、文档及对象的集合。项目管理器是通过项目文件(*.pjx)对应用程序开发过程中所有文件、数据、文档、对象进行组织管理的，它是整个 VFP 开发工具的控制中心；它可以建文件、修改文件、删除文件，可以对表等文件进行浏览；它可以轻松地向项目中添加、移出文件等。项目管理器最终可以对整个应用程序的所有各类文件及对象进行测试及统一连编形成应用程序文件(*.app)或可执行文件(*.exe)。

11.1.3　图书管理系统项目管理案例实施

图 11-1　"打开"对话框

1. 项目的打开和关闭

（1）项目的打开

选择"文件"→"打开"菜单命令，打开的"打开"对话框如图 11-1 所示，在文件列表中选择需要打开的项目"图书管理系统.pjx"，单击"确定"按钮，此时将打开项目管理器。

2. 项目管理器的基本操作

（1）向项目添加文件

通过项目管理器添加项目文件，需先选择文件类型，然后单击"添加"按钮。

● 向项目中添加数据库文件

如图 11-2 所示，在"数据"选项卡中选择"数据库"，单击"添加"按钮，在打开的"选择数据库名"对话框中选择"LIBRARY.DBC"，单击"确定"按钮，将数据库文件 LIBRARY.DBC 添加到项目中。

图 11-2　添加数据库文件

● 向项目中添加表单文件

如图 11-3 所示，在"文档"选项卡中选择"表单"，单击"添加"按钮，在打开的"选择文件名"对话框中选择"DZLR.SCX"后单击"确定"按钮，将表单文件 DZLR.SCX 添加到项目中。

图 11-3　添加表单文件

图 11-3　添加表单文件（续）

也可以在"选择文件名"对话框中，选中所需的所有表单文件，一次加入所有表单文件，如图 11-4 所示。

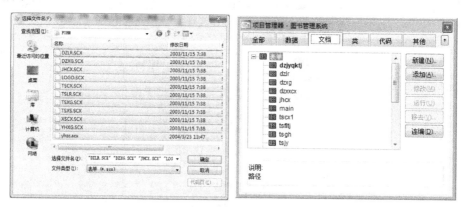

图 11-4　添加全部表单文件

- 向项目中添加菜单文件

在"其他"选项卡中选择"菜单"，单击"添加"按钮，在打开的"选择菜单文件名"对话框中选择"menu.mnx"，单击"确定"按钮，将表单文件 menu.mnx 添加到项目中。用同样的方式把快捷菜单.mnx 加入到项目中，如图 11-5 所示。

图 11-5　添加菜单文件

图 11-5　添加菜单文件（续）

●向项目中添加程序文件

在"代码"选项卡中选择"程序"，单击"添加"按钮，在打开的"选择文件名"对话框中选择"main.prg"，单击"确定"按钮，将表单文件 main.prg 添加到项目中，如图 11-6 所示。

图 11-6　添加程序文件

●向项目中添加报表文件

在"文档"选项卡中选择"报表"，单击"添加"按钮，在打开的"选择报表文件名"对话框中选择"jyqktj. Frx"，单击"确定"按钮，将报表文件"jyqktj.frx"添加到项目中。以同样的方式把其他报表加入项目中，如图 11-7 所示。

图 11-7   添加报表文件

通过向项目添加文件的功能，把前面设计的所有文件、数据、文档、对象，加入项目中，形成一个较完整的项目。

（2）修改项目中文件

先选中要修改的文件，再单击"修改"按钮。如图 11-8 所示，修改书籍信息表 book.dbf，在"数据"选项卡中选择数据库的下属项"book"单击"修改"按钮，打开"表设计器"对话框，此时可以对书籍信息表的结构等进行修改。

图 11-8   项目管理器中修改表文件

（3）在项目管理器中新建文件

先选中文件的类型，然后单击"新建"按钮，如图 11-9 所示，建立一个自由表，可在数据选项卡中选中"自由表"，单击"新建"按钮，打开"新建表"对话框，单击"新建表"，打开"创建"对话框，在"输入表名"文本框中输入一个表名，如"表 1"后单击"保存"按钮，打开"表设计器"对话框，此时可以建表了。

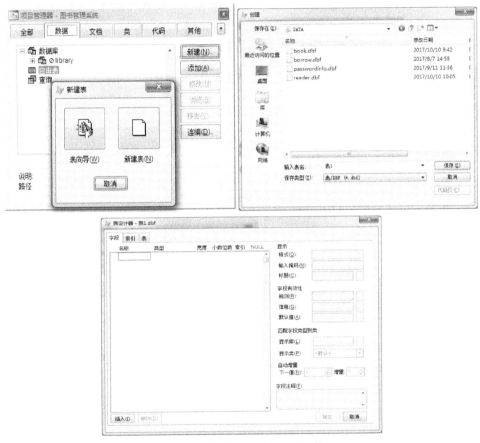

图 11-9　项目管理器中创建文件

在开发 VFP 软件的时候，可以首先创建项目，然后利用项目管理器创建其他的文档和对象。

（4）从项目管理器中移出文件

先选中具体要移出的文件，再单击"移去"按钮。如将"表 1"移出，在"数据"选项卡中选"自由表"下属项"表 1"，单击"移去"按钮，打开移去确认提示对话框如图 11-10 所示。若单击"移去"按钮，只是将从表 1 该项目中移去；若单击"删除"按钮，则是将表 1 从磁盘中删除，在这里我们单击"移去"按钮。

（5）在项目管理器中运行文件

选中要运行的文件，然后单击"运行"按钮。如运行一个表单，可在"文档"选项卡中选择需要运行的表单，单击"运行"按钮，如图 11-11 所示。

图 11-10　项目管理器中移除文件

图 11-11　项目管理器中运行文件

11.2　图书管理系统连编

11.2.1　案例描述

通过前面的努力，"图书管理系统"已经开发完成，而且通过项目管理器为"图书管理系统"建立控制中心，有效地管理系统所有文件、数据、文档及对象。但目前系统还不能脱离 VFP 开发环境运行。该案例通过项目管理器创建能脱离 VFP 开发环境直接运行的程序，即创建可执行程序。

（1）创建 APP 程序。

（2）创建 EXE 程序。

11.2.2　知识链接

1. VFP 程序连编

VFP 数据库应用程序是由表、表单、菜单、程序等模块组成的，这些设计完成后可将之编译成可执行文件，这个过程就叫连编。

VFP 连编的类型主要有两类，一是标准应用程序文件(.app)，一是可执行文件(.exe)。两者的区别在于，前者仅在安装有 Visual FoxPro 的情况下才能运行，或者可脱离 Visual FoxPro 运行。

2. 主文件

主文件是项目管理器的主控程序，是整个应用程序的起点。在 VFP 中必须指定一个主文件，作为程序执行的起始点。

在向项目管理器添加文件时，VFP 把第一个加入项目中的应用程序作为主文件。在 VFP 里面，可以作为主文件的应用程序有：菜单、表单、程序 prg 文件，其他类型的文件都是不可以做主文件的。

3. 排除状态文件

程序在运行时，需要对表进行内容更新，而被包含在项目中的表是不允许更新的，它是只读的不能修改，包含状态是不需要更新的项目，主要有程序、图形文件、窗体、菜单、报表、可视类等文件。排除状态指添加在项目管理器中，但又在使用状态上被排除，允许在程序运行时随意地更新它们。因而应将需要修改的表设置成排除状态。

11.2.3　图书管理系统连编案例实施

1. 创建项目

在图书馆系统项目管理案例中，已经建立好了项目。所采用的方案是先创建数据表、应用程序等文件，后创建项目文件，再把所需要用到的数据表、应用程序、文档图片等都添加进项目管理器。

实践开发过程中，可以先建立一个项目文件，然后用项目管理器创建所需要用到的数据表、应用程序等文件。

2. 设置主文件

在图书管理系统中，系统的入口文件是 MAIN.PRG，在项目管理器中应该设该文件为主文件。如图 11-12 所示，在"代码"选项卡中选择程序表项中的"main"，右击，在打开的快捷菜单中选择"设置主文件"命令。

3. 设置排除文件

在图书管理系统中，设置数据库文件及所有的表文件为排除文件。如图 11-13 所示，在"数据"选项卡中选择数据库表项中的"book"，右击，在打开的快捷菜单中选择"排除"命令。库文件 library 及其他表文件用同样的方法设置为排除。

4. 连编可执行文件

单击项目管理器中的"连编"按钮，如图 11-14 所示，在启动的"连编选项"对话框中选中"Win32

可执行程序/COM 服务程序"单选按钮，并选择"重新编译全部文件"及"显示错误"复选框后单击"确定"按钮，在"另存为"对话框中，输入可执行文件的文件名"图书管理系统.exe"。等待VFP 重新编译所有项目文件后，会生成图书管理系统.exe。

图 11-12 设置主文件

图 11-13 设置排除文件

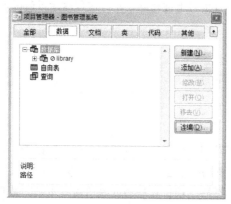

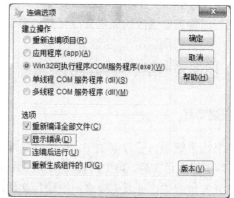

图 10-14 连编可执行文件

5. 发布执行

生成图书管理系统.exe 已经可以在本机像 Windows 应用程序一样可以运行了。但真正发布时，还需加上运行时库文件，必须包括下列文件，将这些运行库文件复制到 EXE 所在目录或系统目录下。

- VFPVersionNumberR.dll，其中 VersionNumber 表示 Visual FoxPro 发布的版本号，如 VFP9R.dll。
- VFP VersionNumberRchs.dll
- VFPVersionNumbert.dll
- GDIPlus.dll
- MSVCR71.dll

11.3　小结

项目管理器是管理、组织应用程序开发过程中所有文件、数据、文档、对象的有效工具，它是 VFP 开发工具的控制中心，它具有创建文件、修改文件、删除文件、浏览文件等功能，最终可以对整个应用程序中的相关各类文件及对象进行测试，统一连编形成*.app 与*.exe 文件。

思考与练习

1．项目管理器有哪些功能？
2．学习了项目管理器后，你确定正确的开发步骤是怎样的？
3．VFP 程序连编包含哪些步骤？

附录

常用系统函数

系统函数是系统为实现一些特定功能而设置的内部程序，作为系统的一部分供用户使用，并由此为程序设计和软件开发提供了强大的支持。

函数的基本形式为：

> 函数名（[<操作数表达式>]）

按 Visual Foxpro 函数的功能和用途，系统函数可分为 10 余种类型，下面介绍系统函数中最常用的函数。

1. 数值函数

（1）取整函数

格式：INT(<数值表达式>)

　　　CEILING(<数值表达式>)

　　　FLOOR(<数值表达式>)

功能：INT 函数返回<数值表达式>的整数部分。

　　　CEILING 函数返回不小于<数值表达式>的最小整数。

　　　FLOOR 函数返回不大于<数值表达式>的最大整数。

例如：

```
?INT(3.14) ,CEILING(3.14), FLOOR(3.14)
```
　　　　　　　　3　　　　　　4　　　　　3

（2）四舍五入函数

格式：ROUND(<数值表达式 1>,<数值表达式 2>)

功能：对<数值表达式>进行四舍五入操作，保留<数值表达式 2>位小数。若<数值表达式 2>为负数，则对小数点前第<数值表达式 2>四舍五入。

例如：

```
?ROUND(153.346,2), ROUND(153.346,-2)
```
　　　　　　153.35　　　　　　　　150

（3）取模函数

格式：MOD(<数值表达式 1>,<数值表达式 2>)

功能：返回<数值表达式 1>除以<数值表达式 2>的余数。若<数值表达式 1>与<数值表达式 2>同号，则返回值的符号为<数值表达式 2>的符号；若<数值表达式 1>与<数值表达式 2>异号，则返回值为<数值表达式 1>除以<数值表达式 2>的余数(余数符号与<数值表达式 1>相同)加上<数值表达式 2>的值。

例如：

```
?MOD(5,3),MOD(5,-3)
   2          -1
```

（4）最大、最小值函数

格式：MAX/MIN(<表达式 1>，<表达式 2>[,<表达式 3>…])

功能：返回若干个表达式中的最大值或最小值。

例如：

```
?MAX(85,45*2,100/4)  ,MIN(85,45*2,100/4)
          90                   25
```

（5）绝对值函数

格式：ABS(<数值表达式>)

功能：返回<数值表达式>的绝对值。

例如：

```
?ABS(3.14),ABS(-3.14)
    3.14          3.14
```

（6）平方根函数

格式：SQRT(<数值表达式>)

功能：返回<数值表达式>的算术平方根。

例如：

```
?SQRT(9),SQRT(36)
    3          6
```

（7）指数函数

格式：EXP(<数值表达式>)

功能：返回以 e 为底的指数值，其中，<数值表达式>为指数部分。

例如：

```
?EXP(3),EXP(0),EXP(-3)
   20.09      1        0.05
```

（8）对数函数

格式：LOG(<数值表达式>)

功能：返回<数值表达式>的自然对数的值。

例如：

```
?LOG(1),LOG(10)
    0      2.30
```

（9）π 值函数

格式：PI()

功能：返回圆周率 π 的值。

例如：

```
?PI()
```
 3.14

（10）角度转变为弧度函数

格式：DTOR(<数值表达式>)

功能：将<数值表达式>所表示的角度转化为弧度值。

例如：

```
?DTOR(90),DTOR(180)
```
   1.57   3.14

（11）正弦函数

格式：SIN(<数值表达式>)

功能：返回<数值表达式>所表示弧度的正弦值。

例如：

```
?SIN(0),SIN(DTOR(90)),SIN(PI())
```
   0.00 1.00   0.00

2. 字符函数

（1）宏代换函数

格式：&<字符型内存变量>[.<字符表达式>]

功能：用字符型内存变量的"值"代替内存变量的"名"。宏代换的作用范围从符号"&"起，直到遇到一个圆点符"."或空白为止。

例如：

```
A="3*5+8"
?&A              &&结果为23
B="A"
?&B              &&结果为3*5+8
A=3*5+8
?&B              &&结果为23
B="LIBRARY"
USE &B..DBF      &&结果为USE LIRARAY.DBF
```

（2）表达式计算函数

格式：EVALUAE(<字符表达式>)

功能：返回<字符表达式>的值。EVALUATE()函数与&功能类似。

例如：

```
A="3*5+8"
EVALUATE(A)      &&结果为23
```

（3）名表达式

格式：(<字符表达式>)

功能：名表达式的功能与&代换和 EVALUATE 函数的功能类似。利用名表达式可以代替同名的变量或字段的值。

例如：

```
A="LIBRARY.DBF"
USE (A)            &&相当于USE LIBRARY.DBF
```

（4）删除空格函数

格式：ALLTRIM(<字符表达式>)

　　　LTRIM(<字符表达式>)

　　　TRIM/RTRIM(<字符表达式>)

功能：ALLTRIM 函数删除<字符表达式>的前后空格。LTRIM 函数删除<字符表达式>前面的空格。TRIM/RTRIM 函数删除<字符表达式>尾部的空格。

例如：

```
?ALLTRIM("浙江财经大学")+LTRIM("东方学院")+RTRIM("信息分院")
```
浙江财经大学东方学院信息分院

（5）取左子串函数

格式：LEFT(<字符表达式>,<数值表达式>)

功能：从<字符表达式>的左边开始截取<数值表达式>个字符。若<数值表达式>的值大于<字符表达式>的长度，则返回整个字符串。若<数值表达式>的值小于或等于零，则返回一个空字符串。

例如：

```
?LEFT("信息分院",4),LEFT("信息分院",-3), LEFT("信息分院",10)
```
信息　　信息分院

（6）取右子串函数

格式：RIGHT(<字符表达式>,<数值表达式>)

功能：从<字符表达式>右边开始截取<数值表达式>个字符。若<数值表达式>的值大于<字符表达式>的长度，则返回整个字符串。若<数值表达式>的值小于或等于零，则返回一个空字符串。

例如：

```
?RIGHT("信息分院",4),RIGHT("信息分院",-4), RIGHT("信息分院",10)
```
分院　　信息分院

（7）取子串函数

格式：SUBSTR(<字符表达式>,<数值表达式 1>[,<数值表达式 2>])

功能：从<字符表达式>的<数值表达式 1>的位置开始，截取长度为<数值表达式 2>的字符。若省略<数值表达式 2>或值大于<字符表达式>的长度，则将截取<数值表达式 1>指定位置开始后面的所有的字符串。当<数值表达式 1>的值为 0，输出空串。

例如：

```
?SUBSTR("信息分院",5,4),SUBSTR("信息分院",5),SUBSTR("FOXPRO",1,3)
```
　　　　　　分院　　　　　　　　分院　　　　　　FOX

（8）字符串替换函数

格式：STUFF(<字符表达式 1>,<数值表达式 1>,<数值表达式 2>,<字符表达式 2>)

功能：用<字符表达式 2>替换<字符表达式 1>中的一部分字符。<数值表达式 1>指定替换的起始位置，<数值表达式 2>为要替换的字符个数。

例如：

```
?STUFF("信息学院",5,4,"分院")
```

信息分院

（9）字符串长度函数

格式：LEN(<字符表达式>)

功能：返回<字符表达式>的长度。输出值的类型为数值型。

例如：

```
?LEN("FOXPRO"),LEN("信息分院")
```

6　　　　8

（10）空格函数

格式：SPACE(<数值表达式>)

功能：输出<数值表达式>个空格。输出值类型为字符型。

例如：

```
?"浙江财经大学"+SPACE(4)+"东方学院"
```

浙江财经大学　　　东方学院

3．日期时间函数

（1）系统日期函数

格式：DATE()

功能：返回当前系统日期。输出值为日期型。

例如：

```
?DATE()
```

02/22/18

（2）系统时间函数

格式：TIME([<数值表达式>])

功能：以时、分、秒(hh:mm:ss)返回当前系统时间。如果包含<数值表达式>，则返回的时间包含百分之几秒，<数值表达式>可以是任何值。输出值类型为字符型。

例如：

```
?TIME()
```

20:59:31

（3）日期时间函数

格式：DATETIME()

功能：返回当前系统日期时间，输出值类型为日期时间型。

例如：

```
?DATETIME()
```

02/23/18 09:07:05 AM

（4）年份函数

格式：YEAR(<日期表达式/日期时间表达式>)

功能：返回<日期表达式/日期时间表达式>的年份的数值。输出值类型为数值型。

例如：

```
?YEAR(DATE()),YEAR({^2018-2-23})
```

2018　2018

（5）月份函数

格式：MONTH(<日期表达式/日期时间表达式>)/CMONTH(<日期表达式/日期时间表达式>)

功能：MONTH()函数输出<日期表达式/日期时间表达式>的月份的数值，输出值类型为数值型。CMONTH()函数输出<日期表达式/日期时间表达式>月份的名称，输出值类型为字符型。

例如：

```
?MONTH(DATE()),CMONTH(DATE())
```

2　February

（6）星期函数

格式：DOW(<日期表达式/日期时间表达式>)/CDOW(<日期表达式/日期时间表达式>)

功能：DOW()函数返回<日期表达式/日期时间表达式>的星期几的数值，输出值类型为数值型。CDOW()函数输出<日期表达式/日期时间表达式>星期几的名称，输出值类型为字符型。

例如：

```
?DOW(DATE()),CDOW(DATE())
```

6　　Friday

（7）日期函数

格式：DAY(<日期表达式/日期时间表达式>)

功能：函数返回<日期表达式/日期时间表达式>的日期的数值，输出值类型为数值型。

例如：

```
?DAY(DATE()),DAY({^2018-2-23})
```

23　　23

4．转换函数

（1）数值型转换成字符型函数

格式：STR(<数值表达式1>[,<数值表达式2>[,<数值表达式3>]])

功能：将<数值表达式1>转换为字符型数据。<数值表达式2>决定转换字符串的长度，缺省时长度为10。<数值表达式3>决定四舍五入后保留的小数位数，缺省时只取整数部分。

例如：

```
?STR(345.678,7),STR(345.678,7,2), STR(345.678,10),STR(345.678,2)
```

346　345.68　　　　　346　　**

（2）字符型转换成数值函数

格式：VAL(字符表达式)

功能：将字符表达式数据转换为数值型数据。小数位数默认为2位。

例如：

```
?VAL("-123.456"),VAL("456.321")
```

-123.46　456.32

（3）字符转换 ASCII 码

格式：ASC(<字符表达式>)

功能：将<字符表达式>的首字母转换为 ASCII 码的十进制数。输出值的类型为数值型。

例如：

```
?ASC("ABC"),ASC('abc')
```

65　　97

（4）ASCII 码转字符函数

格式：CHR(<数值表达式>)

功能：将数值表达式所表示的 ASCII 码转换为字符。

例如：

```
?CHR(65),CHR(65+32)
```

A　　a

（5）字母小写转大写函数

格式：UPPER(<字符表达式>)

功能：将<字符表达式>中所有小写字母转换为大写字母。

例如：

```
?UPPER("ABcdEF")
```

ABCDEF

（6）字母大写转小写函数

格式：LOWER(<字符表达式>)

功能：将<字符表达式>中所有大写字母转换为小写字母。

例如：

```
?LOWER("ABcdEF")
```

abcdef

（7）字符转换日期函数

格式：CTOD(<字符表达式>)

功能：将<字符表达式>表示的字符型日期(C)转换为日期型日期(D)。

例如：

```
?CTOD("02/24/18")
```

02/24/18

（8）日期转换字符函数

格式：DTOC(<日期表达式>)

功能：将<日期表达式>表示的日期型日期(D)转换为字符型日期(C)。

例如：

```
?DTOC({^2018-2-24}),DTOC(DATE())
```

02/24/18　02/24/18

5．数据表函数

（1）字段数函数

格式：FCOUNT()

功能：返回当前数据表的字段数。

例如：

```
USE BOOK
?FCOUNT()        &&结果输出9
```

（2）字段名函数

格式：FIELDS(<数值表达式>)

功能：返回当前数据表第<数值表达式>个字段。

例如：

```
USE BOOK
?FIELDS(1),FIELDS(2),FIELDS(3)        &&图书编号 书名    作者
```

（3）表头测试函数

格式：BOF()

功能：判断当前记录指针是否指向表头(首记录之前)，是则返回.t.，否则返回.f.。

例如：

```
USE BOOK
GO 1
?BOF()        &&输出.F.
SKIP -1
?BOF()        &&输出.T.
```

（4）表尾测试函数

格式：EOF()

功能：判断当前记录指针是否指向表尾(末记录之后),是则返回.T.,否则返回.F.。

例如：

```
USE BOOK
GO BOTTOM
?EOF()        &&输出.F.
SKIP
?EOF()        &&输出.T.
```

（5）记录数测试函数

格式：RECCOUNT()

功能：返回当前数据表的记录的总数(包括已经添加删除标记的记录)。

例如：

```
USE BOOK
?RECCOUNT()        &&输出10
```

（6）记录号测试函数

格式：RECNO()

功能：返回当前记录的记录号。

例如：

```
USE BOOK
```

```
GO 3
?RECNO()      &&输出3
```

6．测试函数

（1）数据类型测试函数

格式：TYPE(<表达式>)

功能：返回表达式的数据类型所对应的字母。它要求必须将<表达式>用字符定界符括起来。输出值类型为字符型。

例如：

```
?TYPE("'abc'"),TYPE(".T."),TYPE("{^2018-2-24}"),TYPE("345")
```

C　L　D　N

（2）之间函数

格式：BETWEEN(<表达式 1>,<表达式 2>,<表达式 3>)

功能：当<表达式 1>大于或等于<表达式 2>而又小于或等于<表达式 3>时，函数返回.T.，否则返回.F.。

例如：

```
?BETWEEN(5,4,6)      &&输出.T.
```

（3）查询结果函数

格式：FOUND()

功能：如果 LOCATE、CONTINUE、SEEK、FIND 等命令查找成功，则返回.T.，否则返回.F.，也可以通过 EOF()的状态来判断。

例如：

```
USE BOOK
LOCA FOR ALLTRIM(书名)=="软件工程"
?FOUND()      &&输出.T.
```

（4）文件测试函数

格式：FILE(<字符表达式>)

功能：判断指定的文件是否存在，其中文件名必须包含扩展名。若文件存在，则返回.T.，否则返回.F.。

例如：

```
?FILE("BOOK.DBF")      &&输出.T.
```

7．其他函数

（1）条件函数

格式：IIF(<逻辑表达式>,<表达式 1>,<表达式 2>)

功能：判断<逻辑表达式>是否为.T.，如果为.T.，返回<表达式 1>的值，否则返回<表达式 2>的值。

例如：

```
?IIF(5>3,5,3),IIF(5<3,5,3)
```

5　　　　3

（2）自定义对话框函数

格式：MESSAGEBOX(<提示信息>[,<数值表达式>[,<标题信息>]])

功能：显示一个用户自定义对话框，输出值的类型为数值型。

说明：

① <提示信息>指定对话框中显示的字符串提示信息。如果要显示多行文字，可以在各行之间加 CHR(13)。

② <数值表达式>指定对话框的类型参数，包括按钮种类、图标类型及焦点选项按钮。对话框类型参数及选项见表 1。<数值表达式>缺省值为 0.

③ <标题信息>]指定对话框标题栏中的字符串信息。若省略<标题信息>，标题栏中将显示 "Microsoft Visual Foxpro"。

④ MESSAGEBOX()返回至表明选取了对话框中的哪个按钮，按钮选取见表 2。

表 1　对话框类型参数及选项

数　值	按钮类型	数　值	图标类型	数　值	焦点选项
0	确定	0	无图标	0	第 1 个按钮
1	确定、取消	16	停止按钮	256	第 2 个按钮
2	放弃、重试、忽略	32	问号图标	512	第 3 个按钮
3	是、否、取消	48	惊叹号图标		
4	是、否	64	信息图标		
5	重试、取消				

表 2　按钮返回值

选择按钮	返回值	选择按钮	返回值
确定	1	忽略	5
取消	2	是	6
放弃	3	否	7
重试	4		

例如：

```
?MESSAGEBOX("真的要删除吗？",4+32+0,"提示信息")
```

反侵权盗版声明

电子工业出版社依法对本作品享有专有出版权。任何未经权利人书面许可，复制、销售或通过信息网络传播本作品的行为；歪曲、篡改、剽窃本作品的行为，均违反《中华人民共和国著作权法》，其行为人应承担相应的民事责任和行政责任，构成犯罪的，将被依法追究刑事责任。

为了维护市场秩序，保护权利人的合法权益，我社将依法查处和打击侵权盗版的单位和个人。欢迎社会各界人士积极举报侵权盗版行为，本社将奖励举报有功人员，并保证举报人的信息不被泄露。

举报电话：（010）88254396；（010）88258888

传　　真：（010）88254397

E-mail：　dbqq@phei.com.cn

通信地址：北京市万寿路 173 信箱

　　　　　电子工业出版社总编办公室

邮　　编：100036